中南大学学科史系列丛书

中南大学机械工程学科

—发展史—

(1952—2013)

中南大学文化建设办公室　组编

中南大学机电工程学院　撰稿

1952—2013

(1952—2013)

中南大学机械工程学科发展史

组　编　中南大学文化建设办公室
撰　稿　中南大学机电工程学院
主　编　李晓谦　黄明辉
副主编　张怀亮　陈　俭
编　委　（按姓氏拼音排序）

陈欠根　邓　华　段吉安　高云章　何建仁
胡均平　胡昭如　李登伶　刘德福　刘少军
刘世勋　刘义伦　毛大恒　谭建平　王艾伦
吴运新　夏建芳　严宏志　易幼平　湛利华

编者的话

为了庆祝原中南矿冶学院组建 60 周年，我们特组织编撰了《中南大学机械工程学科发展史（1952—2013）》一书，力图对中南大学机械工程学科的发展历程和前进轨迹做出较为系统的回顾和展现，对几十年以来所取得的成就与经验进行概括和总结。使人们对中南大学机械工程学科建设发展历史有所了解研查，又望能激励同仁以史为鉴、坚持传承和创新，为本学科的建设和发展创造更加辉煌的明天。

在本书编写过程中，得到了学院内外许多老师和校友的大力支持和帮助，特别是杨襄璧、周恩浦、梁镇淞、胡昭如、刘世勋、张智铁、吴建南等老教师通过回忆与查找历史资料，为学科史的编写提供了许多珍贵的材料，许多已退休的老教师还就编写内容多次提出了具体修改意见和建议，对资料的收集整理和内容编写帮助甚大，在此表示由衷的感谢！几十年来，机械学科专业几经变革，管理机构几度分合，加上由于"文化大革命"的冲击，使本学科本来就不多的资料、档案严重匮乏。尽管我们竭心尽力，由于编者水平有限，其中难免出现遗漏之处，还望读者谅解和指正。

我们在编写中力求忠于历史，写史、写实，并试图将本学科的发展脉络进行一个大概的整理，希望大家提出批评和建议，以期在以后的修编中继续完善，将能够完整反映本学科发展的历史奉献给广大读者。

学校办公室、档案馆、图书馆、校史馆、人事处等单位为学科史编写提供了大力的支持和无私的帮助，在组织发动、资料收集、史实考证等方面，为编写工作提供了极大的方便，在此一并表示由衷的感谢！还要感谢校友对学科史出版的大力支持！

编　者
2013 年 12 月 28 日

目录

第 1 章 学科介绍 / 1

1.1 机械工程学科发展历程 / 1

1.1.1 历史沿革 / 1

1.1.2 艰苦奋斗，夯实基础(1952—1969) / 3

1.1.3 教研并重，结出硕果(1970—1994) / 5

1.1.4 凝心聚力，加快发展(1995—2001) / 9

1.1.5 做大做强，再创辉煌(2002—) / 11

1.2 学科发展大事记 / 16

第 2 章 学科人物 / 23

2.1 院士风范 / 23

2.2 学术带头人 / 26

2.3 高层次人才及国家人才计划入选者 / 51

2.4 曾在本学科担任高级职称人员名单 / 51

2.5 机械系(机电系、机电工程学院)历任负责人 / 52

2.6 本学科在职高级职称人员名单 / 53

第 3 章 创新平台 / 55

3.1 高性能复杂制造国家重点实验室 / 55

3.2 深海矿产资源开发利用技术国家重点实验室 / 55

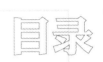

3.3　国家高性能铝材与构件工程化创新中心／56

3.4　教育部铝合金强流变技术与装备工程研究
中心／56

3.5　现代复杂装备设计与极端制造教育部重点
实验室／57

3.6　国家自然科学基金委重大研究计划纳米
制造的基础研究联合实验室／58

3.7　中国有色金属行业机械故障诊断与监测中心／58

3.8　中国有色金属行业金属塑性加工摩擦润滑
重点实验室／58

3.9　湖南省岩土施工与控制工程技术研究中心／59

3.10　湖南省铝加工工程技术研究中心／59

3.11　湖南省高效球磨及耐磨材料工程技术研究中心／60

第4章　人才培养／61

4.1　硕士、博士和博士后培养／61

4.2　部分杰出校友代表／71

第5章　科学研究／77

5.1　国家级科技成果奖励／77

5.2　省部级科技成果奖励／78

5.3　省部级及以上教学成果奖励／87

5.4　国家发明专利授权／89

5.5　国家实用新型及外形设计专利授权／102

5.6　标志性科研成果简介／118

　　5.6.1　1985年度国家科学技术进步一等奖——轧机
变相单辊驱动技术及其开发／118

　　5.6.2　2007年度国家科学技术进步一等奖——铝资
源高效利用与高性能铝材制备的理论与技术／118

5.6.3　2002 年度国家技术发明二等奖——铝带
坯电磁场铸轧装备与技术 / 119

5.6.4　1995 年度国家科学技术进步二等奖——
双机架铝热轧现代改造和新技术开发
/ 120

5.6.5　1996 年度国家科学技术进步二等奖——
高性能特薄铝板 / 121

5.6.6　2003 年度国家科学技术进步二等奖——
高性能液压静力压桩机的研制及其产业
化 / 122

5.6.7　2005 年度国家科学技术进步二等奖——
巨型精密模锻水压机高技术化与功能升
级 / 122

5.6.8　1989 年度国家技术发明三等奖——全液
压凿岩技术优化设计及其装置 / 123

5.6.9　1989 年度国家科学技术进步三等奖——
铁路隧道小断面全液压凿岩钻车 (附配
套集成阀) / 124

5.6.10　1991 年度国家科学技术进步三等奖——
软铝加工新工艺新设备 (连续挤压) 的研
究 / 124

5.7　代表性论文 / 125

第 6 章　著作目录 / 176

6.1　主编著作目录 / 176

6.2　参编著作目录 / 182

第 7 章　学科荣誉 / 184

7.1　国家级科技成果奖 / 184

7.2　省部级科技成果奖 / 184

7.3 省部级及以上教学成果奖 / 184

7.4 部分其他奖项及荣誉 / 184

第 8 章 岁月回顾 / 186

8.1 机电学院深藏在我的记忆中 / 186

8.2 机械原理及机械零件课程实物教材建设
的回顾 / 193

8.3 机制教研室建设初期的科研活动记实 / 196

8.4 怀念首任机电系主任、恩师白玉衡教授 / 198

参考文献 / 201

第 1 章　学科介绍

1.1　机械工程学科发展历程

1.1.1　历史沿革

1952 年中南矿冶学院成立,设置了独立的机械公共课教学组,负责全校的机械设计及机械制图课程的教学工作。1955 年学校新增矿山机电专业,并开始招收五年制本科学生,同年还招收了机械制图两年制专修科学生。1958 年学校增设冶金机械专业并开始招收本科学生。1959 年矿山机电专业分设为矿山机械设备和矿山电气设备两个专门化(后改为矿山机电机械专门化和矿山机电电气专门化),1960 年矿山机械专业招了四年制研究生 4 名,1963 年起开始招收矿山机电专业五年制函授学生。1972 年初开始招收矿山机械、冶金机械两个专业的三年制工农兵学员,1977 年开始招收机械类专业四年制本科学生,1981 年开始招收机械类专业函授、夜大和成教本专科学生。

1978 年我国恢复招收研究生,并于 1981 年起正式实施《中华人民共和国学位条例》。1980 年矿山机械专业、1982 年冶金机械专业开始招收硕士研究生,两专业于 1982 年获得硕士学位授予权,冶金机械专业于 1986 年获得博士学位授予权,1995 年机电控制及自动化专业获得硕士学位授予权。1997 年后根据新版学科设置目录陆续分别相应调整为机械设计及理论学科、机械电子工程学科和车辆工程学科。1998 年获准设立机械工程学科博士后科研流动站,同年开始招收机械工程领域工程硕士研究生。2000 年获得机械工程一级学科博士学位授予权和车辆工程领域工程硕士授予权,2001 年机械设计及理论学科批准为国家重点学科。2002 年与 2003 年经湖南省、教育部分别批准设立"芙蓉学者"和"长江学者"特聘教授岗位。2007 年机械制造及其自动化学科被批准为国家重点学科,并且机械工程一级学科被批准为一级学科国家重点学科。2000 年以来,机械制造及其自动化学科和机械电子工程学科还分别成为湖南省"十五""十一五"重点学科,机械设计及理论学科 2010 年成为湖南省优势特色重点学科,2011 年机械工程一级学科为湖南省"十二五"重点学科和优势特色重点学科。

1981 年以后,本科专业也数经调整,先后开办过矿山机械、冶金机械、机械工程、设备工程、模具设计与制造、机械电子工程等专业。1996 年根据国家教委引导性专业目录，按照"大专业、多方向"的方针将本学科当时的机械设计与制造、机械电子工程、设备工程与管理等 3 个专业合并成机械工程及自动化专业进行招生，其中机械设计及制造本科专业在 1996 年成为湖南省重点建设专业。1998 年教育部发布本科专业新目录，本学科本科专业对应调整为机械设计制造及其自动化，同年获批开办工业设计本科专业，2003 年获批增设微电子制造本科专业，2010 年新增车辆工程本科专业。机械设计制造及其自动化本科专业于 2001 年被授予湖南省重点示范专业，2009 年批准为国家级特色专业，2010 年被批准为国家卓越工程师培养计划学科专业。

中南大学机械学科的建设和发展从 1952 年成立中南矿冶学院开始，共为国家培养了博士后人员 50 余名，博士研究生 160 多名，硕士研究生 1500 多名，本专科各类学生 11000 多名。学科的发展大体可以分为 4 个阶段：

第一个阶段从 1952 年中南矿冶学院成立机械公共课教学组，负责承担全校机械类公共基础课的教学任务开始，以 1953 年成立机械教研室、1955 年设置矿山机电专业招生为标志，至 1970 年因"文化大革命"中断招生、"文化大革命"前最后一批学生毕业为止。此阶段是机械学科起步阶段，中南矿冶学院成立起即集中了一批机械学科的师资力量，以培养本科生为主，1960 年招收了 4 名矿山机械专业四年制研究生。建设任务重点是本科专业人才培养和教学实验室的建立，大量工作是教学研究及实验室建设。在当时历史条件下，专业设置几经调整，只有矿山机电专业逐步稳定下来。当时机械学科专业师资队伍中拥有教授 1 人、副教授 2 人，从体制上来说，几经反复，学校机械学科的建设和发展还是没有完全集中到一个组织机构进行建设与管理。

第二个阶段从 1970 年筹备机械系到 1994 年。学校机械学科专业完全集中进行建设与管理，从而在管理体制上理顺了关系。"文化大革命"中，招收培养了五届机械专业工农兵学员，1977 年，开始招收机械专业四年制本科生。国家恢复研究生招生后，冶金机械、矿山机械相关学科专业先后获得硕士、博士授予权，机械学科从以培养本科生为主，逐步向本科生、研究生培养并重转化。科学研究工作以冶机及铝箔科研室的成立为标志，组织结构逐步从单纯的教学组织开始演变为教学科研组织并存、部分教师以科研为主的教学科研两个中心，涌现出一批具有重大影响的科研成果，推动了科学理论的发展，促进了国家经济建设，拓宽了科研方向。科学研究与人才培养的紧密结合，又推动了学科建设的发展，本学科点逐步成为了学校比较重要的发展力量之一，开始形成以钟掘院士为学科带头人的学科团队和高质量的学术梯队。

第三个阶段为 1995 年由原机械工程系改建成立中南工业大学机电工程学院，到 2002 年中南大学机电工程学院成立前。机械学科在钟掘院士带领的学科团队共同努力下，学科建设和科研工作进入快速发展时期，使本学科点成为我校发展迅速并具有重要影响的学科之一，也成为了国内领先的一流学科点之一。学科建设工作取得巨大成绩，先后获批机械工程学科博士后科研流动站、机械工程一级学科博士学位授予权，机械设计及理论学科被批准为国家重点学科等。科学研究在突出行业特点、保持学科特色方面作出了突出贡献，取得了基础理论研究和应用开发双丰收的优异成绩，形成了本学科以创新现代大型工业机械为目标、以研究复杂机电系统设计理论与技术融合中的基本科学与技术问题为中心的特色方向。

　　第四个阶段为 2002 年成立中南大学机电工程学院以来至今。机械学科保持了稳定快速发展的态势，各方面工作都取得了优异的成绩。继 2001 年机械设计及理论学科成为国家重点学科后，2007 年机械制造及其自动化学科被批准为国家重点学科，并且机械工程一级学科同时成为一级学科国家重点学科。通过凝聚力量，加强培养和引进相结合，形成了强大的人才队伍。通过加大投入，狠抓硬件条件建设，建设了包括高性能复杂制造国家重点实验室在内的一批重点实验室和工程中心。承担国家重大研究项目的能力提升到了一个新台阶，新承担的国家及省部级以上项目 200 多项，获得国家科技进步一等奖 1 项、二等奖 2 项，国家技术发明二等奖 1 项，中国高校十大科技进展 2 项，省部级科技成果奖励 44 项。获得发明专利授权 123 项，实用新型及外形设计专利授权 185 项。

1.1.2　艰苦奋斗，夯实基础（1952—1969）

1）创建专业　建设教师队伍

　　1952 年中南矿冶学院成立机械公共课教学组，没有设置机械学科专业，只负责承担全校机械类公共基础课的教学任务。1955 年学校在采矿系增设矿山机电专业，成立矿山机械设备教研组，在主任白玉衡教授的带领下，制订了矿山机电专业的教学计划并开始招收该专业五年制本科学生，机械学科专业师资队伍和教学组织相应逐步得到加强，矿山机电专业成为当时学校开设的 8 个本科专业之一。1958 年学校成立矿冶机电系，由白玉衡教授任系主任，负责矿山机电专业、工业企业电气化及自动化、冶金机械 3 个专业的建设和人才培养工作，1959 年又增设了并开始招收新生的工业电子学、自动远动和超常量测量 3 个专业，此时的矿冶机电系设有矿山机械设备、机械原理及零件、机械制图、金属工艺、工业企业电气化及自动化、电工、物理等教研组，师资队伍得到极大补充，有 170 多名教师在承担机电学科专业及全校相关公共基础课的教学工作。1960 年矿山机械专业招收了 4 名四年制研究生。1961 年，为贯彻执行中央"调整、巩固、充实、提高"的方针，撤销了自动远动专业，工业电子学、超常量测量和冶金机械专业停止招生。1966 年因"文化大革命"开始，至 1971 年期间停止招生。

　　建校初期，机械学科专业的师资力量比较薄弱，尤其在建设矿山机电和冶金机械两个专业的起始阶段，为保证教学质量，学校一方面采取组织教师集体备课、试讲等方法来提高师资水平，另一方面有计划地将一批教师选送到北京矿业学院、重庆大学等兄弟院校跟随苏联专家听课进修，进行矿山机械、冶金机械等专业学术前沿知识的学习，为本学科专业建设打下了坚实的基础，这些教师后来也成为了我国相关领域的学术带头人。1963 年学校制订了师资培养提高规划，要求专业课、基础课的讲授以及指导毕业设计等主要环节的教学任务均由讲师以上的教师担任。为此学校在机械原理及零件教研室等进行试点，提出了教师过教学关、科研关和外语关的"三关"要求，通过培养提高，教师的科研意识和科研能力得到普遍增强。这一时期本学科师资队伍中有教授 1 人、副教授 2 人。

**　　2）积极探索　进行教学改革**

　　1952 年从中南矿冶学院建校至 1965 年期间，机械学科专业从无到有，白手起家，逐步建立起自己的教学体系。20 世纪 50 年代开始，对教学计划和教学大纲多次进行修订和补充完善，积极组织教师翻译苏联教材、编写讲义，为专业的开办和课程讲授创造条件。如矿山机械设备教研室的教师先后翻译和编写了采掘机械、凿岩机械、矿山通风排水设备、矿山运输、矿山机械制造工艺学等近 10 种专业课程的油印及铅印的讲义和教材，其中黎佩琨主编的《矿山运输》教材由中国工业出版社公开出版发行，吴建南编写的《矿山机械设备修理与安装》教材由学校印刷厂铅印发行，被几个学校的相关专业所采用。

　　为了使教学过程形象化，让学生深刻理解讲授的内容，广大教师开动脑筋，制作了许多教学模型和挂图等直观教材进行直观教学，其中大型的机械模型就有109 座，对帮助学生弄清生产工艺过程、设备结构原理等起到了极为重要的作用，解决了当时教学的急需。采用直观教学以后，称为"头痛几何"的《投影几何》教学得到极大改善，减少了学生学习中的困难，受到高等教育部的表扬。在教学改革方面，1954 年首次进行了机械零件课程设计的试点，1955 年在专业课程提升运输机械也开出了课程设计。1962 年制图教研室根据新的教学大纲 3 次修订教学日历，使之符合大纲要求，并从备课、讲授、习题、实验到辅导答疑、相互听课，开展了一系列的活动。通过采取各种措施，教学质量不断提高，多年来"头痛几何"的帽子从 67 级开始摘掉了。1960 年学校招收矿山机械专业 4 名四年制研究生，至 1964 年学校共有研究生导师 19 人，其中机械学科有白玉衡和朱承宗 2 位导师。

　　在实践性教学环节方面，大力加强实验室建设和编写实验指导书，要求新担任实验课或担任新实验的教师，必须在事先做好实验准备，以保证和提高实验质量。并且制定制度规定，实验人员必须在实验课指导教师的指导下进行工作。建校初期，为解决实验室教学实验设备的需求，机械学科专业的教师与实验人员一起，亲自动手画结构挂图、用木材设计制作设备模型。如矿山机械实验室在夏纪顺老师的组织和带领下，几年中就先后做出了诸如刮板运输机、斗式装载机、电铲、电动装岩机等许多大型机械实物模型，在实验教学和直观教学中发挥了巨大的作用，受到苏联专家的高度评价。至1965年，建成了采掘机械、压气排水、矿山电工、提升运输、机械原理及机械零件、热工、金属工艺、机械制图等实验室。

3）响应号召　开展科学研究

建校初期，机械学科的教师主要从事教学和相关实验室的建设工作。1956年中央发出"向现代科学大进军"的号召，学校在12年规划中对科研提出了明确的要求，科研工作逐步开展起来。但此时由于机械学科教师数量少，专业还刚开始处于起步阶段，科研以消化吸收国外技术为主，专业课教师大部分都参与了其相关学科的科研课题，也在机械学科方向进行了一些探索研究。1960年学校建立了包括机电在内的6个研究室，在岩石破碎冲击理论、矿山采掘及运输机械、机械设计及其理论等方面进行了一些科研课题的研究，公开发表了一些研究论文，取得了一定的科研成果。其中具有重要影响的成果为梁在义的"超平面投影法及图解 n 元线性方程"课题，该课题在1964年被国家科委授予成果公布奖。

从1955年增设矿山机电专业、1958年增设冶金机械专业招生开始，1960年矿山机械招收四年制研究生，直至1966年因"文化大革命"开始中断招生，共招收了矿山机械专业四年制研究生4名，矿山机电、矿山机械、冶金机械、工业电子学、自动远动和超常量测量专业五年制大学生1226名，机械制图专修科学生29名。共有2名研究生、969名五年制大学生和28名专科学生毕业。

1.1.3　教研并重，结出硕果（1970—1994）

1）理顺机构　加强基础建设

1970年筹备成立机械系，当时设有矿山机械专业连队、冶金机械专业连队、力学教研室、机械基础课教研室、机械厂等，负责机械学科专业的人才培养和全校相关公共基础课的教学及金工实习。1977年，撤销"文化大革命"时期实行的连队制，力学教研室离开机械系回基础学科部，机械厂划归学校管理，此时机械系设有矿山机械、冶金机械、机械制图、机械原理及零件、机械制造工艺教研室和冶机及铝箔科研室。1980年，学校成立单辊驱动箔材轧机工艺设备及其理论中心。1984年学校成立机械工程研究所，设有箔带轧制、监测和液压凿岩设备3个研究室。1988年1月经中国有色金属工业总公司批准学校设置机电工程学院，涵盖了机械工程系和机械工程研究所、自动控制工程系和计算机应用自动控制研究所、计算机科学系和管理工程系，由校领导兼任学院院长。1989年获批建立中国有色金属工业设备测试与故障诊断中心。

1972年至1976年期间，连续招收了五届矿山机械、冶金机械专业三年制工农兵学员。1977 年"文化大革命"结束恢复高考，开始招收矿山机械、冶金机械专业四年制本科生。1980 年开始陆续招收矿山机械、冶金机械专业硕士研究生，1984 年，矿山机械、冶金机械专业获批硕士学位授予权，1986 年冶金机械获博士学位授予权。

1978 年，新建成的机械楼投入使用。由于该楼是在"文化大革命"时期开始建设的，当时是强调开门办学、专业下伸逐步过渡到与厂矿合办专业的方针，致使当时新建设的机械楼只有 3000 多平方米，机械学科的实验室用房缺乏，人员无法集中，在一段时间里制约了机械学科的发展速度。

2）聚合力量　师资队伍不断增强

1977 年后，学校加强了师资队伍和教科研室的建设，千方百计提高原有教师水平，广大教师的积极性也被调动起来。老教师作为教学科研和教学改革的主要力量，充分发挥其专长，在组织制订、完善教学大纲和教材编写方面做了大量工作。许多中年教师通过参加校内举办的各种学习班，迅速掌握了计算机使用知识，并将计算机及时运用到课程改革和科学研究中，为提高教学质量和科研水平打下了坚实的基础。青年教师，除通过在职读研和参加学校研究生进修班的学习外，有些还被选送出国深造及到外校进行培训和委培。从 1978 年至 1994 年期间，本学科选送出国学成回校的 9 人中，有 7 人成为了学科的学术带头人，成为学科建设与发展的骨干力量。

1952 年以来，先后有 23 名教授和所在学科的全体教师为学科的发展和成长付出了辛勤的努力，使得学科有了明确的研究方向，逐步建成了具有自己特色的研究领域，取得了一批重要的科研成果，在学校产生了重要的影响，在省内的影响日益扩大，在国内外同行中也已具有初步的影响。机械学科有 3 名教师担任了学校重新组成的"文化大革命"后首届校学术委员会委员，有 1 名教授被聘为湖南省教师职称评审委员会机械学科组组长，1 名教授担任了湖南省科协副主席。至 1994 年期间，形成了拥有 11 名教授、5 名博士生导师、28 名副教授及一批中青年骨干教师的人才队伍。他们之中有 2 人被授予国家级"有突出贡献的科技专家"称号，1 人被评为全国高校先进科技工作者，1 人被评为全国有色金属工业系统先进工作者，2 人被评为湖南省优秀科技工作者，1 人被评为湖南省优秀教师，1 人被授予"湖南省有突出贡献的专利发明家"称号，有 8 人享受国务院政府津贴。

3）深化改革　教学改革成绩斐然

1970 年开始筹备并成立机械系后，恢复了冶金机械专业的设置，加上矿山机械专业，承担了 2 个专业的建设、人才培养和全校机械公共基础课的教学，根据当时实际情况制订了教学计划并组织了基础课教材的编写工作，为 1972 年招收工农兵学员做好了准备。1972 年开始，矿山机械、冶金机械专业连续招收并培养五届共计 511 人的三年制工农兵学员。

　　"文化大革命"后，在恢复和整顿教学组织、教学秩序，建立和健全必要的规章制度的同时，不断深化教学改革。学科多次对专业设置进行了调整，对教学大纲进行了数次修订和完善，突出抓了"机械原理零件""制图""金工"等技术基础课的改革和实验室建设，取得了一批优秀的教学成果，使这几门课程的教学达到了省内或国内同行中的一流水平。其中由梁镇淞等从 1981 年开始承担的"机械原理及机械零件课程教学内容、方法改革的探索与实践"项目，编辑了实物教材，并分别在"机械原理""机械零件"和"机械设计基础"等课程中进行了大量教改实践，收到明显效果。"机械原理零件实物教材及实物实验室建设"1985 年获得中国有色金属工业总公司教改成果特等奖，"机械原理零件教学改革组"1986 年被国家教委及全国总工会授予教育系统"先进集体"称号，该项目 1989 年获得国家级优秀教学成果奖；由胡昭如等组织承担的"金工课程的建设与改革"，将金工课程与整个机械制造系列课程结合在一起，形成一个有机的整体，使课程教学日臻规范，教学质量稳步提高，先后获得学校教改成果一等奖和湖南省教学成果二等奖，《金工实习》在全省机类专业教学质量评估中获得"优秀"；陈家新等对我校计算机绘图课程在教学大纲的修订，教学内容、实践环节的设置，与课程设计、毕业设计相结合等方面进行了大量成功的探索研究，提高了计算机绘图教学的水平，获得了学校教改成果奖。

　　教材建设作为学科的一项重要建设工作，在广大教师的积极努力下也取得很大成绩。从基础课到专业课，共编写和公开出版了数十部讲义和教材，仅在 1967年至 1981 年中由学校老师主编、出版社公开发行的 10 多种教材中，本学科公开出版的有周恩浦主编的《矿山机械（选矿机械）》、李仪钰主编的《矿山机械（提升运输机械）》和齐任贤主编的《液压传动和液力传动》等 3 门全国高校统编教材。这一时期，本学科还有数十名教师参加了各种手册、教材与专著的编撰工作，如王庆祺等参加编写的《机械设计手册》，周恩浦、张智铁等参加编写的《机械工程手册》，都获得了 1978 年全国科学大会奖，并分获全国优秀畅销书奖和全国优秀科技图书一等奖；程良能任副主委、肖世刚、陈贻伍任编委、冶机教研室部分教师参加编撰的《有色金属冶炼设备》第一、二、三卷，获得部级科技进步二等奖；夏纪顺为主编、矿机教研室数位教师参加编撰的《采矿手册（第 5 卷）》；受中国有色金属总公司装备局和设备管理协会委托，矿机教研室 10 余位教师为主审编写出版了《矿山机械使用维修丛书》（共 10 册）；等等，他们的这些工作有力支撑了本学科的建设与发展，为扩大学科的知名度作出了不可磨灭的贡献。至 1994 年，公开出版的各种教材、专著共 60 多部。

　　恢复招生后，从矿山机械专业 1980 年招收了 1 名硕士研究生、冶金机械专业 1982 年招收了 4 名硕士研究生开始，机械学科正式进入了研究生培养的行列。1984 年经国务院批准，矿山机械、冶金机械专业同时获得硕士学位授予权，1986

年冶金机械专业又获得了博士学位授予权，扩大了机械学科研究生教育的层次和规模。学科十分重视强化研究生培养过程，加强研究生教学改革，提高培养质量，强调研究生在拓深基础理论的同时，必须结合科研精心选择论文课题，并实行多学科联合培养、与研究院所联合培养的方法，使研究生在学习的同时，直接为国家作出贡献。如古可、钟掘教授带领研究生在西南铝加工厂解决了一系列国家重大课题，其中 2800 轧线改造前期论证一项就为国家节省外汇 300 余万美元，大型初轧机支承辊疲劳强度分析一项为引进工程节省外汇 500 万美元，其研究生教改成果 1987 年获得中国有色金属工业高等教育教改成果一等奖。

4）联系实践　科学研究硕果累累

1970 年学校恢复科研工作，机械学科教师坚持为国家经济建设服务，急国家所急，结合生产第一线课题开展科学研究。广大教师积极主动争取承担了多项国家和省部级科研项目，科研成果不断涌现。冶机及铝箔科研室在古可、钟掘的带领下，深入进行轧机驱动理论与实践的研究工作，提出了变相单辊驱动理论，指导了轧机设计和轧机的正常运行操作。发现并论证高速轧机中存在机电耦合振荡系统和极限轧制中存在附加封闭力流变态驱动，分别用于解决轧机振动与产品质量问题，并成功解决了武汉钢铁公司 1700 mm 轧机弧齿部件易损坏，致使设备不能连续正常运转的难题，创造了上亿元的经济效益，荣获国家首次颁发的科技进步一等奖。并出版了《论轧机驱动与节能》等数种专著。由于铝箔科研室在科研工作上所取得的突出科研成果，1980 年学校成立了代表当时学校科研的 6 个方向之一的单辊驱动箔材轧机工艺设备及其理论中心。杨襄璧等结合生产第一线的实际需求，坚持不懈在液压凿岩装备、技术和理论方面进行了数年的研究，提出了液压冲击机构设计的抽象变量理论，形成了具有特色的理论体系和设计计算体系，先后获得了国家技术发明三等奖和国家科技进步三等奖等多项奖项。在 1970 年至 1984 年间本学科科学研究所取得的重要成果还有：具有高效率、机动灵活等优点的 20、40 马力低污染内燃机，使用寿命从 800～1000 h 提高到 2900 h 以上的新型油隔离活塞泵阀座，辉光离子氮化炉及其处理挤压模具，精密半自动周边磨床，耐磨新材料的研究，有色金属连铸机装备及理论研究的成果应用，在破磨设备及其理论研究上取得的成果等。1978—1984 年期间有 16 项成果获得 18 项省部级奖励，为成立机械工程研究所打下了坚实的基础。

1984 年机械工程研究所的成立，使教学与科研结合更加紧密，科研方向不断拓宽，所承担科研任务的档次日渐提高，科研条件也进一步得到改善。在 1985 年至 1994 年这一时期，学科依托行业优势，在金属材料制备理论、工艺与装备，摩擦润滑理论与技术，故障诊断与监测，工程机械与液压控制，机床制造与模具设计，设备维修理论与管理，新型抗磨材料的研究等方面进行了大量科学研究工作，取得了丰硕的成果。如软铝加工连续挤压生产线获得了国家科技进步三等奖，预剪机列精确剪切系统获部级二等奖，均匀磁场烧结法及烧结炉获得全国发明展览会银奖，精密模锻新工艺及润滑剂获得部级一等奖，铝板带箔轧制及铜管棒拉伸系列高效润滑剂研制获得省级二等奖，YYG－90A型液压凿岩机、CGJ25－2Y型中深全液压掘进钻车获部级二等奖，双臂工业机器人研制获部级二等奖等。期间共获得国家科技进步一等奖1项、三等奖2项，国家发明三等奖1项，省部级奖25项。在取得科研获奖成果的同时，还公开出版了数部基础理论研究成果的专著和译著，扩大并提高了机械学科的影响和地位。1989年获批建立中国有色金属工业设备测试与故障诊断中心，机械学科承担的矿冶装备现代化研究成为学校科研9大主攻研究方向之一。

这一时期，教学改革的不断深化和科学研究的蓬勃发展，极大地促进了人才培养工作的大发展，培养方向不断得以拓宽。本科专业设置从原有的矿山机械和冶金机械两个专业，逐步扩展到矿山机械、冶金机械、设备工程及管理、机械设计及制造、机械电子工程等5个专业。学科的教师通过从事科研活动，总结研究成果，编写水平较高的教材，及时更新教材内容，把科研成果引入了教学，把学生带到本学科的前沿，各层次人才培养的质量得以不断提高。这一时期，共培养博士研究生6人，硕士研究生130多人，各类本专科学生3000余人。

1.1.4　凝心聚力，加快发展（1995—2001）

1995年经学校批准由原机械工程系改建成立中南工业大学机电工程学院，钟掘院士任院长，下设冶金机械、机械设计与制造、机械电子工程、设备工程与管理和液压机械工程等5个学科研究所，有教职工101名，其中博士生导师5名，教授10名。同年，学科带头人钟掘教授当选为中国工程院院士，并当选为湖南省第一届学位委员会委员。1995年机械设计及制造本科专业被批准为湖南省重点建设专业，所申报的机电控制与自动化硕士点于1995年获得批准。1997年后陆续根据新版学科设置目录，分别相应调整为机械设计及理论学科博士点、机械电子工程学科硕士点和车辆工程学科硕士点。1997年学科承担的"211工程"重点学科"九五"建设子项"金属薄带塑性成形技术、装备与控制实验室"和"211工程"公共服务体系"九五"建设项目"机械基础教学实验中心"正式启动。1998年获准设立机械工程学科博士后科研流动站，同年开始招收机械工程领域工程硕士研究生，获批开办工业设计本科专业，获批建立中国有色金属工业总公司金属塑性加工摩擦与润滑重点实验室，长沙工业高等专科学校机电科整体并入中南工业大学机电工程学院。2000年获得机械工程一级学科博士学位授予权，获得车辆工程领域工程硕士授予权。2001年机械设计及理论学科被批准为国家重点学科，机械制造及其自动化学科和机械电子工程学科获批成为湖南省"十五"重点学科，车辆工程学科成为学校重点建设学科，机械设计制造及其自动化本科专业被授予湖南省重点示范专业，获批准成立教育部"铝合金强流变技术与装备工程研究中心"。

1）加快发展　学科建设上台阶

至 2001 年，在学科带头人钟掘院士的带领下，凝聚了一批在机械工程学科有着深厚研究基础和较高学术造诣的老中青结合的学术带头人和学术骨干，形成了本学科以创新现代大型工业机械为目标、以研究复杂机电系统设计理论与技术融合中的基本科学与技术问题为中心的特色方向。机械学科的学科建设进入快速发展阶段，使本学科点成为我校发展迅速并具有重要影响的学科之一，也成为了国内领先的一流学科点之一。在短短的 6 年中，先后完成了机电控制与自动化硕士学位授予权的获批，机械设计及理论学科博士点、机械电子工程学科硕士点和车辆工程学科硕士点的调整，机械工程学科博士后科研流动站的设立，机械工程一级学科博士学位授予权的获批，机械设计及理论学科被批准为国家重点学科，机械制造及其自动化学科和机械电子工程学科获批成为湖南省"十五"重点学科，车辆工程学科成为学校重点建设学科等大量的学科建设工作。机械设计及制造本科专业在 1995 年成为湖南省重点专业后，2001 年机械设计制造及其自动化本科专业又被授予湖南省重点示范专业，增加了工业设计本科专业，还获准招收机械工程领域工程硕士研究生。

学科建设的快速发展为科研平台的基础建设创造了良好的条件，先后获批建设中国有色金属工业总公司金属塑性加工摩擦与润滑重点实验室和教育部"铝合金强流变技术与装备工程研究中心"。从 1997 年承担"211 工程"重点学科"九五"建设子项目开始，学科不间断地承担了"211 工程"和"985 工程"重点学科创新平台建设任务，极大地改善了学科的硬件条件水平，为争取并完成各类国家级重大项目提供了有力的支撑和保证。

2）坚持特色　科学研究上水平

科学研究在突出行业特点、保持学科特色方面作出了突出贡献，取得了基础理论研究和应用开发双丰收的优异成绩。钟掘院士基于对复杂机电装备的深厚研究积累和体验，提出了"复杂机电系统耦合与解耦设计理论与方法"创新学术思想，构架了复杂机电系统全局耦合理论体系，形成了耦合与解耦分析和并行设计理论体系，增强了解决"复杂机电装备"领域中的关键理论与技术问题的能力，在国家重大装备建设中发挥了基础支撑作用。"复杂机电系统"和"耦合设计"的概念得到同行的广泛认同，广泛出现在各种期刊论文和诸多著作中，被列入国家自然科学基金委的机械学科"十一五/十二五"规划。它指明了我国发展先进制造技术、增强国力的主攻方向和目标，成为指引机械制造科学与技术发展的一面旗帜。钟掘院士与课题组成员一起发明了电磁铸轧技术与装备和快凝铸轧技术，为我国高性能铝材高效生产提出了新模式。学科承担了国家 973 项目、国家 863 项目、国家"九五"攻关项目、国家高技术产业发展项目、国务院大洋专项等一批具有代表学科发展前沿和先进水平的国家重大科研项目,使我校在本学科的研究水平处于国内领先行列。科研年进校经费从 1995 年的不足 150 万元到 2001 年的突破 1000 万元,共获得国家科技进步二等奖 2 项,省部级奖 29 项,中国高等学校十大科技进展 1 项。而且,在承担科研项目的同时,获得的专利数量也在逐年增加,1988 年以来共获得国家发明专利授权 8 项、实用新型专利授权 39 项。

在科学研究取得成绩的同时,科技产业的发展也形成了学校本学科的特色。如系列金属加工润滑剂产品被列为国家重点新产品计划和国家火炬计划,逐步取代了进口,占领了国内近 40% 的市场;液压静力沉桩机获得中国知识产权局和世界知识产权组织联合颁发的中国优秀专利奖和中国发明协会金奖,并被评为湖南省年度十佳专利实施项目之一,逐步得到推广和应用;抗磨材料在冶金和有色金属行业的广泛应用,成为了国家重点推广项目。这些产品和其他产品一道形成了在行业和相关领域中的特色。

至 2001 年有中国工程院院士 1 人,博士生导师 15 人,国家重点基础研究规划项目(973)首席科学家 1 人,国家"十五"深海技术发展项目首席科学家 1 人,教授及相应职称 21 人,硕士生导师 32 人。这一时期,共培养博士后人员 9 名,博士研究生 22 名,硕士研究生 120 多名,培养 1800 余名本专科各类学生。

1.1.5 做大做强,再创辉煌(2002—)

2002 年,原中南工业大学机电工程学院与原长沙铁道学院机电工程学院中的机械学科、专业合并组建成立中南大学机电工程学院,全面负责承担学校机械学科及专业的建设和人才培养工作。下设 8 个研究所、9 个教研室和 2 个中心。有在岗教职工 205 人,其中中国工程院院士 1 人,博士生导师 15 人。2002 年,"211工程"重点学科"十五"建设项目和"985 工程"一期重点学科建设项目启动,经湖南省批准设立"芙蓉学者"特聘教授岗位。2003 年经教育部批准设立"长江学者"特聘教授岗位,新增"数字装备与计算制造""信息器件制造技术与装备"2 个自主设置学科博士点和微电子制造工程本科专业。2005 年"现代复杂装备设计与极端制造"教育部重点实验室被批准立项建设。机械电子工程学科和机械制造及其自动化学科通过湖南省"十五"重点学科建设验收,均被评为"优秀"。2007 年机械制造及其自动化学科被批准为国家重点学科,并且机械工程一级学科被批准为一级学科国家重点学科。2009 年机械设计制造及其自动化专业成为国家级特色专业。2010 年新增车辆工程本科专业,机械设计及理论学科成为湖南省优势特色重点学科,机械设计制造及其自动化本科专业被批准为国家卓越工程师教育培养计划学科专业。2011 年高性能复杂制造国家重点实验室获得国家科技部批准立项建设,机械工程一级学科为湖南省"十二五"重点学科和优势特色重点学科。2012

年，在全国第三轮一级学科评估中，本学科点进入全国排名前 10 名的行列，新增湖南山河智能机械股份有限公司等 3 个国家级工程实践教育中心。2013 年高性能复杂制造国家重点实验室顺利通过科技部验收，参与申报的"有色金属先进结构材料与制造协同创新中心"进入"2011 计划"，入选"国家创新人才推进计划创新人才培养示范基地"。目前，设有冶金机械研究所、机电工程系、工程装备与控制系、车辆工程系、机械制造系、机械设计系和工业制造技术训练中心，承担了机械设计制造及其自动化、微电子制造工程、车辆工程 3 个专业本科生，机械工程一级学科博士、硕士研究生，机械工程和车辆工程领域工程硕士研究生，机械工程高校教师硕士研究生及机械工程学科博士后人员的人才培养及机械公共基础课的教学工作。

1）开拓前进　形成鲜明的学科特色

2002 年以来，中南大学机械工程学科在钟掘院士的带领下，凝心聚力，顺利完成了三校合并后的学科整合工作。机械工程一级学科在 2007 年被批准为一级学科国家重点学科后，于 2011 年又被批准为湖南省"十二五"一级学科重点学科和优势特色重点学科。本学科点依托学校在有色冶金、矿山与铁道运输行业优势，瞄准学科国际研究前沿与热点领域，在高性能材料制备装备、特种作业装备与机器人、复杂空间曲面数字化制造、高性能材料与零件强场制造、信息器件微纳制造、大型作业装备集成制造、现代制造过程的信息融合与控制等方面，系统开展科学前沿探索与工程应用研究，形成了以"现代复杂机电装备和极端制造"为标志的鲜明学科特色和具有国内领先水平的 5 个特色研究方向：①高性能材料与大构件强场制造原理与装备；②信息器件精细制造技术与装备；③复杂空间曲面数字化设计制造原理与装备；④极端服役作业装备功能原理与系统集成；⑤复杂机电系统设计方法与过程智能控制。

在此阶段，本学科点的整体学科水平与学术地位得到大幅提升。钟掘院士与国内本领域专家凝练提出了"极端制造"的学术思想与理论框架，阐明了"极端制造"的基本内涵、主要研究方向和关键科学问题。"极端制造"的概念和思想经过数十位院士和知名专家讨论通过，已列入国家中长期科技规划纲要的"前沿技术"和"基础研究"中。近年来本学科点获邀承担了国家、部委相关机械装备设计与制造领域的科技规划制定，包括：国家中长期科技规划专题三《制造业发展科技问题研究》，国家中长期科技规划专题十四《基础科学问题研究》，国家"973"计划先进制造方向"十二五"规划，国家自然科学基金委机械学科"十一五/十二五"规划，国家发改委"十一五/十二五"《振兴我国装备制造业的途径与对策》，教育部、有色金属工业、国防工业与深海技术等行业部门中长期规划中与机械装备相关领域内容的制定、国家 863 计划先进制造领域主题的"十一五/十二五"发展规划，已成为参与机械工程领域国家计划制定的核心单位之一，本学科点已成为我国机械工程研究领域一支重要力量。

2）产学研结合　推动科技进步

通过学科建设和科学研究及成果推广，本学科点为国家/区域经济建设、科学进步与社会发展作出了重要贡献，具体表现在如下几个方面：

（1）研制成功了具有国际领先水平的铝合金快凝铸轧机列、电磁铸轧技术与装备、高强厚板超声搅拌焊接装备、大型筒体全数控旋压装备、超声铸造技术与装备等大型成套设备，支撑了产业发展与技术升级；用现代技术研制了我国最宽铝厚板1+4热连轧机组、世界最大的八万吨等重大基础制造设备与技术，极大地提高了国家重大战略基础装备的工作能力与工作精度，引领我国高性能材料与大构件制造走向现代化。形成了多项具有自主知识产权的核心技术，成果在国际学术界产生重要影响，使本学科点在相关研究领域成为国家的重要研究与技术创新基地。

（2）研制成功YK2212、YK2245、YK2045、YK2010等多个系列的六轴五联动数控大型螺旋锥齿轮铣齿机和数控磨齿机并实现产业化，填补了国内空白，被中国机械工业联合会誉为中国数控机床产业的六大跨越之一，打破了美、德两国的垄断，使我国成为了第三个能够产业化生产系列螺旋齿轮制造装备的国家。2011年研发的H2000C数控螺旋锥齿轮铣齿机和H2000G数控螺旋锥齿轮磨齿机，是目前世界上加工尺寸最大的高端数控螺旋锥齿轮机床，代表着我国螺旋锥齿轮加工技术装备的最高水平，本学科点是我国全数控螺旋锥齿轮数控装备主要的技术创新基地。

（3）针对先进信息器件制造业这一集国家利益、人类智慧和最新科技于一体的战略性产业，将机械系统运动与动力学研究推向到多元交互的微尺度、微米级行为研究，初步形成了典型光电子与微电子器件的微结构制造工艺与技术，建立了光电子、微电子器件功能界面与制造界面的融合分析理论及相关调控技术，提出了下一代技术突破的先进器件制造原型和单元技术，并开始应用与影响新兴产业的发展。在光电子与微电子器件封装制造方面，已成为我国在光电子与微电子器件制造技术与装备领域的重要研究与技术创新基地。

（4）成功研制开发了全液压驱动凿岩设备、矿山重型自动装卸装备、大型旋挖钻及潜孔钻机与大型液压静力压桩机等装备，在特种工程装备集成设计制造方面形成了新世纪主流的先导技术和成套装备，已获得多项标志性成果及产业化应用。在复杂海底环境自行式作业机器人设计、不同种类深海资源采集技术与装置设计、深海复杂流场采矿系统动力学行为分析和系统控制研究、深海资源勘查装备研制开发、深海水下传感装置研制开发等方面形成国际有特色与优势的成果与突破性进展，是全国高校中唯一的国务院大洋项目首席科学家单位。本学科点已成为我国工程建设、资源开采技术与装备研究的三大基地之一，在国际深海矿产资源开发技术及装备研究领域有着重要地位。

(5)以本学科为技术支撑的学科性公司"湖南山河智能机械股份有限公司"(上市公司)年产值已近 50 亿元,2005 年中国工程机械行业综合指数排名第 5 位;以本学科方向的技术成果为支撑的中大创远有限公司与哈量凯帅公司,成功实现铣齿机、磨齿机系列产品的我国自主研发的设计与制造,年生产产值达 6 亿元。以本学科为技术支撑的湖南红宇耐磨新材料股份有限公司 2012 年 8 月成功在深交所创业板上市,成为我校第三家以本校学科为依托,通过转化自有科技成果而成功登陆我国 A 股市场的上市企业,也是我校产学研合作首家创业板的上市企业;长沙神润科技有限公司开发铝板带箔与铜管棒型材塑性加工润滑添加剂等产品,已覆盖和占有国内 40%的市场份额。以本学科作为主要技术支撑的湖南创元铝业、晟通公司年产值 180 亿以上。这些直接以本学科为技术支撑的学科性公司的发展,直接推动了地区经济与产业的发展与技术升级。

3)人才济济 学科实力大提升

学科建设的发展和科学研究水平的提高大力促进了人才队伍建设,大力提升了团队的总体水平和创新能力。本学科的研究队伍建设,特别在团队的整体创新能力、杰出青年人才培养、杰出人才凝聚等方面成效显著。本学科点在 2002 年、2003 年分别获准设立"芙蓉学者"特聘教授岗位和"长江学者"特聘教授岗位,现有专任教师和研究人员 147 人,其中中国工程院院士 1 名,"千人计划"学者 1 名,"长江学者"特聘教授 3 名,1 名教授获国家杰出青年基金资助,1 名获国家优秀青年基金资助,国家 973 项目首席科学家 2 人,国务院学科评议组成员 1 名,国家创新人才推进计划重点领域创新团队"航空航天用高性能大规格铝材与构件制造创新团队",教育部创新团队"现代复杂装备与极端制造",国家"百千万人才工程"3 名,教育部新世纪优秀人才 12 名,"芙蓉学者"特聘教授 3 名,国家"十二五"863 计划主题专家 1 名,中国大洋协会"十五"深海技术发展项目首席科学家 1 名,国家专业指导委员会委员 3 名,湖南省科技领军人才 2 名,教授及研究员 46 名,博士生导师 33 名。

2002 年以来,在本学科人才队伍、研究基地与条件建设得到较大发展的基础上,承担国家重大研究项目的能力提升到了一个新台阶。新承担了包括国家 973 计划首席项目、国家自然科学基金重大项目课题、国家自然科学基金重点项目、国家 863 计划、国家攻关计划、国防预研计划、国家大洋专项等国家及省部级以上项目 200 多项,承担校企合作及地方政府项目 300 余项。特别是钟掘院士领衔申报的国家重大科研仪器设备研制专项计划项目"材料与构件深部应力场及缺陷无损探测中子谱仪研制"成功获批(7600 万元),填补了我校在该项计划领域的空白,预示着本学科在基础科学研究方面的巨大突破。获得国家科技进步一等奖 1 项、二等奖 2 项,国家技术发明二等奖 1 项,中国高校十大科技进展 2 项,省部级科技成果奖励 44 项。钟掘院士、何清华教授获科技部"十一五"国家科技计划执行突出贡献奖,刘少军教授获中国大洋协会成立二十周年突出贡献奖。获得国家发明专利授权 123 项,实用新型及外形设计专利授权 185 项。

4) 加大投入　平台建设创辉煌

学科发展也促进了研究基地与平台建设,提升和改善了研究条件。2008 年建筑面积达 3.6 万 m² 的新机电大楼的启用,解决了长期制约学科实验室发展的难题。通过"211 工程"和"985 工程"项目平台建设和科研项目等的投入,新增了一系列高水平的教学科研仪器设备,仪器设备总量从 1999 年的 1216 台件、原值 607 万元增加到现在的 5200 多台件、总值超过 1.2 亿元,大型精密贵重仪器设备数量大幅增加,构建了多个高水平实验平台,极大地改善了教学科研的硬件条件,提高了高水平科研和高层次人才培养的保障水平。研究基地与平台的建设也取得了突破性进展,在新增了教育部重点实验室"现代复杂装备设计与极端制造"的基础上,2011 年获准立项建设的高性能复杂制造国家重点实验室于 2013 年顺利通过验收。现本学科还拥有独立或联合建设的国家高性能铝材与构件创新中心、国家创新人才推进计划创新人才培养示范基地、深海矿产资源开发利用技术国家重点实验室、铝合金强流变技术与装备教育部工程研究中心、国家自然科学基金委重大研究计划纳米制造的基础研究联合实验室、中国有色金属行业金属塑性加工摩擦润滑重点实验室、湖南省岩土施工与控制工程技术研究中心、湖南省高效球磨及耐磨材料工程技术研究中心、湖南省铝加工工程技术研究中心等一批国家及省部级重点实验室和工程研究中心,与本学科的学科性公司——湖南山河智能公司一起建立了一个湖南省首批研究生培养创新基地,获批建立了 3 个国家级工程实践教育中心和 1 个湖南省机械工程大学生创新训练中心。

本学科点面向国家需求,建设学科大平台,承担国家的大课题,努力解决国民经济发展和国防建设中的重大科学和技术问题,在探索科学真理的实践中培养和造就了国家急需的一大批高层次创新型人才。大大提升了本学科点人才培养的规格和水平,成为高素质人才培养基地。本学科新增了"数字装备与计算制造"和"信息器件制造技术与装备"2 个自主设置的二级学科博士学位授予点,新增了"微电子制造工程"和"车辆工程"本科专业。机械设计制造及其自动化本科专业成为国家级特色专业和国家卓越工程师教育培养计划学科专业,机械制造工程训练和机械设计基础两门课程分别成为国家精品资源共享课程和国家精品课程。获得全国优秀博士学位论文 1 篇,国家级教学成果二等奖 2 项,省部级教学成果奖 10 项。期间,共培养了博士后人员 40 多名、博士 130 多名、硕士 1300 多名,本专科各类学生 5900 余名。

1.2 学科发展大事记

1952 年：中南矿冶学院成立，学校决定设立机械公共课教学组。

1953 年：成立机械教研室，郑仲皋任主任，负责全校制图、热工、机械原理及零件等课程。

1954 年：学校首次进行了机械零件课程设计的试点，并在全校课程中开始推广课程设计。

1955 年：在采矿系增设矿山机电专业，本年起开始招收五年制本科学生，本年招收新生 96 名。由机械教研室增设机械制图两年制专修科，只在本年招收新生 29 名。在专业课程提升运输机械开出课程设计。采矿系副系主任白玉衡教授兼任矿山机械设备教研组主任。

1956 年：《中南矿冶学院学报》创刊，白玉衡、郑仲皋任编委，白玉衡当选校工会第四届委员会主席。

1958 年：遵照冶金工业部的指示，学校决定成立矿冶机电系，白玉衡教授任系主任，矿山机电专业由采矿系划归矿冶机电系领导，另增设了工业企业电气化及自动化、冶金机械两个专业，新增专业于当年开始招生。白玉衡当选校工会第五届委员会主席。

1959 年：矿冶机电系增设工业电子学、自动远动、超常量测量、高温高真空技术冶金设备 4 个新专业。工业电子学、自动远动、超常量测量 3 个专业从其他专业转一年级学生各一个班，9 月开始招收新生。高温高真空技术冶金设备专业本年未招生，矿山机电专业分设矿山机械设备和电气设备两个专门化。此时，矿冶机电系下设矿山机械设备、机械原理及零件、机械制图、金属工艺、工业企业电气化及自动化、电工、物理等教研组。

1960 年：学校招收四年制研究生 34 名，其中矿山机械 4 名。学校先后建立新材料、地质、采矿、选矿、冶金、机电等 6 个研究室。

1961 年：撤销自动远动、高温高真空技术冶金设备 2 个专业，现有学生转入其他专业学习。超常量测量、工业电子学、冶金机械 3 个专业从本年起停止招生。白玉衡任中南矿冶学院第一届院务委员会常委，郑仲皋任中南矿冶学院第一届院务委员会委员。

1962 年：冶金工业部召开会议，确定包括超常量测量技术在内的 9 个专业的教学计划和教学大纲由我校负责汇总修订。会议后，按新要求对已完成了的教学计划和教学大纲修订草案再次进行了修订。

1963 年：学校组织在机械原理及零件教研室试点制订师资培养提高规划，提出了根据各类教师的不同情况，分别过教学关、科研关和外语关的要求。函授部从本年开始陆续招收矿山机电专业五年制函授学生。经湖南省教育厅批准，郑仲皋、梁再义晋升为副教授。

1964 年：梁在义主持的"超平面投影法及图解 n 元线性方程"项目被国家科委授予成果公布奖。

1965 年：至本年，本学科建成的实验室有：压气排水、采掘机械、矿山电工、提升运输、机械原理及机械零件、热工、机械制图等实验室。

1966 年："文化大革命"开始，中断招生，共有五年制在校学生 272 人。

1970—1971 年：筹备并成立机械系，下设矿山机械专业连队、冶金机械专业连队、力学教研室、机械基础课教研室、机械厂，负责机械学科专业的人才培养和全校相关公共基础课的教学及金工实习。开始恢复科研活动。

1972 年：开始招收矿山机械、冶金机械专业三年制工农兵学员，本年共招收两个专业工农兵学员 86 名。

1976 年：科研中取得重要成果的有：卢达志等 9 位教师与长沙有色金属加工厂共同进行的"辉光离子氯化处理用工模具"课题。

1977 年：恢复招收四年制本科学生，本年矿山机械、冶金机械专业共招收四年制本科新生 105 名。学校恢复基础课部，力学教研室离开机械系调回基础课部。

1978 年：新落成的 3000 多平方米的机械楼投入使用。古可、钟掘等主持的"新型铝箔轧机单辊驱动的研究"、矿机科研组的"台车支臂液压自动平行机构的研究"等 4 项科技成果获湖南省科学大会奖，王庆祺等参加编写的《机械设计手册》，周恩浦、张智铁等参加编写的《机械工程手册》，获得全国科学大会奖。经湖南省革命委员会批准，齐任贤晋升为副教授。

1979 年：学校调整机构，机械系下设矿山机械、冶金机械、机械制图、机械原理及零件、机械制造工艺教研室和冶机及铝箔科研室。矿山机械、冶金机械本科专业合并为机械工程专业。郑仲皋、朱启超出任校首届学术委员会委员。

1980 年：矿山机械专业招收硕士研究生 1 名。学校决定逐步建立单辊驱动箔材轧机工艺设备及其理论中心，调整后共拥有 6 个实验室，其中机械制图、机械原理及零件、机械制造工艺、矿山机械、冶金机械等 5 个教学实验室和冶机及铝箔科研室。古可、钟掘的"铝箔轧机单辊驱动理论研究"获得湖南省重大理论成果一等奖，古可、钟掘等的"辊式磨粉机负载特性及动力传递规律测试研究"获陕西省重大科技成果一等奖。经湖南省人民政府批准，夏纪顺、古可、洪伟、钱去泰、卢达志、贺志平、王庆祺、林树鸾、冯绍熹、张德木、谢邦新等晋升为副教授。

1981 年：受教育部委托，在长沙主持召开全国高等工科院校《金属工艺学》教材编委扩大会和金属工艺学教学经验交流会。经湖南省人民政府批准，杨襄璧、钟掘、成日升、蔡崇勋、颜竞成、朱启超、许汉兴、李仪钰、周恩浦等晋升为副教授。

1982 年：冶金机械专业招收硕士研究生 4 名。夏纪顺出任校首届学位评定委员会委员，郑成皋、王庆祺、古可担任第二届校学术委员会委员。

1983 年：将原机械工程本科专业恢复为矿山机械、冶金机械本科专业。经湖南省人民政府批准，古可晋升为教授。

1984 年：1 月，经国务院批准，矿山机械工程、冶金机械专业获得硕士学位授予权。学校批准成立机械工程研究所，下设箔带轧制、故障诊断与监测、液压凿岩设备等 3 个研究室。古可被国家科委授予"国家级有突出贡献的科技专家"称号。从第二届开始，钟掘一直担任校学位评定委员会委员。古可、夏纪顺、钱去泰、梁镇淞担任校第三届学术委员会委员。

1985 年：古可、钟掘主持的"轧机变相单辊驱动技术及其开发"项目获得国家首次颁发的国家科学技术进步一等奖。梁镇淞等承担的"机械原理零件实物教材及实物实验室建设"获得中国有色金属工业总公司教改成果特等奖。经湖南省人民政府批准，钟掘晋升为教授，并被评为中国有色金属工业总公司先进工作者。

1986 年：7 月，经国务院学位委员会批准，冶金机械专业获得博士学位授予权，古可教授获批为博士生指导教师。杨襄璧、李仪钰、钱去泰晋升为教授。

1987 年：梁镇淞、卢达志晋升为教授。

1988 年：1 月，经中国有色金属工业总公司批准学校设置机电工程学院，涵盖了机械工程系和机械工程研究所、自动控制工程系和计算机应用自动控制研究所、计算机科学系和管理工程系，院长由校领导兼任。钟掘被授予"国家有突出贡献的中青年专家"称号，当选为湖南省科协副主席。夏纪顺、贺志平、王庆祺、周恩浦晋升为教授。

1989 年：机械系下设矿山机械、冶金机械、机械制造、机械制图、机械设计、液压传动、测试技术、电算等 8 个教研室和原理零件等 9 个教学科研实验室。经中国有色金属工业总公司批准，建立中国有色金属工业设备测试与故障诊断中心。梁镇淞等承担的"机械原理及机械零件课程教学内容、方法改革的探索与实践"项目获得国家级优秀教学成果奖。李仪钰被评为湖南省优秀教师。

1990 年：本年调整为矿山机械、冶金机械、设备工程等 3 个本科专业招生。经国务院学位委员会批准，钟掘、杨襄璧教授成为博士生导师。古可被国家教委、国家科委授予"先进科技工作者"称号。李支普晋升为教授。

1991 年：中国有色金属工业总公司通知，钟掘、古可、杨襄璧等享受政府特殊津贴，张智铁、姜文奇、宋渭农、李坦、何清华晋升教授。

1992 年：机械系对部分教研室进行调整，将液压传动、电算合并为应用技术教研室，新增设备工程教研室。张智铁获得"湖南省有突出贡献的专利发明家"称号，钱去泰、梁镇淞、杨务滋等获批享受政府特殊津贴。高云章、刘世勋晋升教授。

1993 年：机械系将下设教学机构调整为矿山机械、冶金机械、机械电子、基础等 4 个教研室，原教学科研实验室不变。俞春兴、何清华等获批享受政府特殊津贴，卜英勇、孙宝田、胡昭如晋升教授。

1994 年：本科专业调整为机械设计及制造、机械电子工程、设备工程与管理 3 个专业招生。陈贻伍晋升教授。

1995 年：经学校批准由原机械工程系改建成立中南工业大学机电工程学院，下设冶金机械、机械设计与制造、机械电子工程、设备工程与管理和液压机械工程等 5 个学科研究所和工程图学、机械学等 2 个教研室。12 月，获批机电控制与自动化硕士授予权，机械设计及制造本科专业被批准为湖南省重点建设专业。钟掘教授当选为中国工程院院士，并当选为湖南省第一届学位委员会委员。由何清华等发明的"液压静力压桩机"获得中国专利局和世界知识产权组织联合颁发的中国专利优秀奖，中国发明协会金奖，中国新技术新产品博览会金奖。

1997 年：根据国务院学位委员会和教育部颁布的新学科、专业目录，冶金机械、矿山机械工程调整为机械设计及理论学科，机电控制及自动化调整为机械电子工程学科。经国务院学位委员会批准，学科成为首批机械工程领域工程硕士培养点之一。学科承担的"211 工程"重点学科"九五"建设子项"金属薄带塑性成形技术、装备与控制实验室"和"211 工程"公共服务体系"九五"建设项目"机械基础教学实验中心"正式启动。钟掘院士被聘为国务院学位委员会第四届学科评议组成员。

1998 年：经人事部、全国博士后管委会批准，设立机械工程学科博士后科研流动站。国务院学位委员会下发通知，车辆工程学科获得硕士学位授予权。根据新专业目录，本科专业机械设计及制造、机械电子工程、设备工程与管理调整为机械设计制造及其自动化专业，获批开办工业设计本科专业。经中国有色金属工业总公司批准，"金属塑性加工摩擦润滑实验室"被增列为总公司重点实验室。长沙工业高等专科学校机电科整体并入机电工程学院。

1999 年：钟掘院士任国家 973"提高铝材质量的基础研究"项目的首席科学家，该项目也是教育部当年在材料领域类唯一获得支持的项目。冶金机械研究所被评为湖南省普通高等学校科技工作先进集体，何清华被评为湖南省普通高等学校科技工作先进个人。

2000 年：经国务院学位委员会批准，机械工程一级学科获博士学位授予权。钟掘院士被评为"全国先进工作者"，获国务院颁发的五一劳动奖章。

2001 年："211 工程""九五"重点学科建设子项目"金属薄带塑性成形技术、装备与控制实验室"和公共服务体系建设子项目"机械基础教学实验中心"完成国家验收。12 月，机械制造及其自动化、机械电子工程学科被批准为湖南省"十五"

重点学科，车辆工程学科获批成为校级"十五"重点建设学科。机械设计制造及其自动化专业被授予湖南省重点示范专业。刘少军被遴选为中国大洋协会"十五"深海技术发展项目首席科学家。获准成立教育部"铝合金强流变技术与装备工程研究中心"，并已获100万元支持。湖南山河智能机械公司被认定为"国家863智能机器人产业化基地"。

2002年：1月，机械设计及理论学科获批成为国家重点学科。机械工程一级学科在全国首次评估中名列全国11、省内第1。新增车辆工程领域硕士学位授权点，机械设计及理论学科获批设置湖南省"芙蓉学者计划"特聘教授岗位。机械基础教学实验中心被批准为湖南省高校基础课示范实验室。完成了原中南工业大学机电工程学院与原长沙铁道学院机电工程学院中的机械学科、专业合并，组建成立中南大学机电工程学院的工作，工业设计本科专业归并到艺术学院管理。完成"十五""211工程"重点学科建设项目材料与器件超常装备设计理论与技术集成的申报立项。

钟掘院士主持的"铝带坯电磁铸轧装备与技术"项目获国家技术发明二等奖，另获中国高校十大科技进展1项。钟掘院士被聘为第五届教育部科学技术委员会副主任，荣获全国"新世纪巾帼发明家"称号。

2003年：机械工程学科经教育部批准设立"长江学者"特聘教授岗位，新增"数字装备与计算制造""信息器件制造技术与装备"2个自主设置学科博士点和微电子制造工程本科专业。"985工程"重点学科建设项目材料与器件超常装备设计理论与技术集成，以及2个省级重点学科建设项目和机械基础教学实验中心建设项目启动建设。

钟掘院士被聘为国务院学位委员会第五届学科评议组召集人、教育部科学技术委员会副主任，荣获何梁何利基金"科学与技术进步奖"。李涵雄被聘为"芙蓉学者"特聘教授。

2004年：李涵雄获得国家杰出青年基金，谭建平入选首批"新世纪百千万人才工程"国家级人选，何清华获"第四届湖南光召科技奖"、被评为"湖南省劳动模范"。

2005年：机械电子工程学科和机械制造及其自动化学科通过湖南省"十五"重点学科建设验收，均被评为"优秀"。经教育部批准，"现代复杂装备设计与极端制造"教育部重点实验室立项建设，"现代复杂装备与极端制造"入选教育部创新团队项目。李涵雄被聘为"长江学者"特聘教授。"985工程"二期"复杂装备极端制造与智能化"科技创新平台建设正式启动，工业制造训练中心被评为湖南省高校优秀实习教学基地，何清华被评为湖南省优秀专利发明人。

2006年：机械电子工程学科和机械制造及其自动化学科被认定为湖南省"十一五"重点学科。"十五""211工程"重点学科建设项目"材料与器件超常装备设计理论与技术集成"通过教育部专家组验收。新增 1 个湖南省首批研究生培养创新基地，本学科为主创建的湖南山河智能机械公司成功上市，申报的湖南省岩土施工与控制工程技术研究中心获准立项建设。学科联合组建的湖南省铝加工工程技术研究中心获批准立项建设。钟掘领衔的"中国铝业升级的重大创新技术与基础理论"获中国高校十大科技进展。黄明辉入选"新世纪百千万人才工程"国家级人选，吴运新被聘为"芙蓉学者"特聘教授。李晓谦、刘舜尧和刘义伦受聘为教育部高等学校教学指导委员会委员。

2007 年：机械制造及其自动化学科被评为国家重点学科，机械工程一级学科被批准为一级学科国家重点学科。与企业联合申报深海矿产资源开发利用技术国家重点实验室。钟掘院士领衔的"铝资源高效利用与高性能铝材制备的理论与技术"项目获国家科技进步一等奖。何清华获得"湖南省科学技术杰出贡献奖"，并入选湖南省首批科技领军人才。

2008 年：钟掘院士牵头承担的国家产业跃升计划项目"高性能铝材工程化研究与创新能力建设"正式启动，项目总经费 8 亿元，其中国家财政部拨款 2.17 亿元，是我校迄今为止承担的项目经费最多的重大项目。"211 工程"三期重点学科建设项目"极端制造与复杂机电装备"启动建设。

2009 年：机械设计制造及其自动化专业被评为国家级特色专业，1 门课程被评为国家精品课程，新增车辆工程本科专业。建筑面积达 3.6 万 m² 的新机电大楼落成正式启用。钟掘院士被聘为第六届教育部科学技术委员会主任和第六届教育部科学技术委员会战略研究指导委员会主任，段吉安被聘为国务院学位委员会第六届学科评议组成员，黄明辉被聘为"长江学者"特聘教授，帅词俊被聘为"芙蓉学者"特聘教授，朱建新入选"新世纪百千万人才工程"国家级人选。钟掘院士指导的 1 篇博士学位论文被评为全国优秀博士学位论文。新增李晓谦为首席科学家的国家 973 项目"航空航天用高性能轻合金大型复杂结构构件制造的基础研究"，该项目是我校在制造与工程领域获得的第一个首席项目。"985 工程"二期创新平台建设项目通过校内验收。

2010 年：机械设计及理论学科被评为湖南省优势特色重点学科，建立国家自然科学基金委重大研究计划"纳米制造的基础研究"联合实验室。启动实施新一轮"985 工程""极端制造与复杂机电装备"科技创新平台建设。机械设计制造及其自动化本科专业被批准为国家卓越工程师教育培养计划学科专业，新增 1 门国家精品课程，引进"千人计划"学者 1 人。工业训练教研室获湖南省第二届优秀教研室。

2011 年：高性能复杂制造国家重点实验室获得国家科技部批准立项建设，机械工程一级学科被确定为湖南省"十二五"重点学科和"十二五"湖南省优势特色重点学科，机械工程学科作为学校主干学科之一获全国首批先进制造领域工程博士专业学位授予权。"金属塑性加工摩擦润滑实验室"被中国有色金属工业协会认定为第一批有色金属行业重点实验室，与企业联合建设的"湖南省高效球磨及耐磨材料工程技术研究中心"获得湖南省科技厅批准，山河智能公司被评为"国家创新性企业"、国家工程机械动员中心和国家级企业技术中心、建立企业博士后科研工作站。研制成功世界上最大的 H2000C 数控螺旋锥齿轮铣齿机和 H2000G 数控螺旋锥齿轮磨齿机。钟掘、何清华获科技部"十一五"国家科技计划执行突出贡献奖，刘少军获中国大洋协会成立二十周年突出贡献奖，黄明辉入选湖南省科技领军人才。

2012 年：首次招收 2 名先进制造领域工程博士研究生，完成了"211 工程"三期重点学科建设项目"极端制造与复杂机电装备"的验收检查。在第三轮全国一级学科评估中，本学科点整体水平位列第 10，首次跨入全国排名前 10 名的行列。新增湖南山河智能机械股份有限公司等 3 个国家级工程实践教育中心，机械制造工程训练课程入选国家级精品资源共享课。以本学科为技术支撑的湖南红宇耐磨新材料股份有限公司成功在深交所创业板上市，是我校产学研合作首家创业板的上市企业。黄明辉当选为"十二五"863 计划先进制造技术领域主题专家，段吉安被聘为"长江学者"特聘教授。

2013 年：在本年的全国国家重点实验室的评估检查中，高性能复杂制造国家重点实验室取得了小组排名第 3，大组排名第 5 的优良成绩，并顺利通过国家科技部组织的实验室建设验收。参与联合申报的"有色金属先进结构材料与制造协同创新中心"，作为我国首批 14 个协同创新中心之一成功进入"2011 计划"。钟掘院士领衔申报的国家重大科研仪器设备研制专项计划项目"材料与构件深部应力场及缺陷无损探测中子谱仪研制"成功获批（7600 万元），填补了我校在该项计划领域的空白。入选"国家创新人才推进计划创新人才培养示范基地"，黄明辉领衔的"航空航天用高性能大规格铝材与构件制造创新团队"入选"国家创新人才推进计划重点领域创新团队"。完成了新一轮"985 工程"建设项目的验收工作，新增 1 个湖南省机械工程大学生创新训练中心。黄明辉任中南大学第二届学术委员会工学部副主任委员，段吉安、钟掘任中南大学第二届学术委员会工学部委员。

第 2 章　学科人物

2.1　院士风范

钟掘，女，汉族，1936 年出生，河北献县人，中共党员，1960 年毕业于北京钢铁学院（现北京科技大学）。

钟掘院士 1960 年以来先后任中南矿冶学院（现中南大学）助教、讲师、副教授、教授、博士生导师、机械系副系主任、系主任、矿冶机械设备研究所所长、机械研究所所长、机电工程学院院长等。1995 年 5 月当选为中国工程院院士，现任教育部科技委主任及教育部科技委战略研究指导委员会主任，国家重点基础研究计划专家顾问组成员，国家科技部奖励委员会委员，教育部奖励委员会委员，国家杰出青年基金评审委员会委员，中国有色金属学会常务理事，中国机械工程学会理事，湖南省科协副主席，湖南省奖励委员会委员，中南大学教授，博士生导师，中南大学学位委员会委员、学术委员会委员，轻合金研究院院长，冶金机械研究所所长。

先后任国务院学位委员会第四届学科评议组成员、国务院学位委员会第五届学科评议组召集人之一、国家发明奖及科技进步奖冶金材料评审组成员、中国科协委员、国家自然科学基金工程材料学部专家委员会委员、国家自然科学基金工程与材料学部咨询委员会委员、国家自然科学基金机械学科评委、国家重点基础研究发展（973）计划综合交叉组咨询专家组组长、国家计委专项"我国铝板带箔加工业发展规划"专家组组长、国家深海资源开发技术发展专家组组长、湖南省科技进步奖评审委员会副主任、湖南省学位委员会委员、中国振动工程学会故障诊断学会常务理事、湖南省机械工程学会荣誉理事长、湖南省故障诊断与失效分析学会理事长等。获得国家科技进步一等奖 2 项、二等奖 2 项，国家技术发明二等奖 1 项等 20 多项科研成果奖励，7 项国家发明专利授权，并获"全国先进工作者""'十一五'国家科技计划执行突出贡献奖""何梁何利基金科学与技术进步奖""光召科技奖""全国十佳女职工"等荣誉，并获国务院颁发的五一劳动奖章。被授予"国家有突出贡献的中青年专家"称号，享受政府特殊津贴。

钟掘院士长期担任机械学科学位评定分委员会主席。她非常重视师资队伍的建设工作,培养造就了一批思想活跃、学术水平较高的年轻教师,较快形成了一支结构合理的高质量学科梯队。在研究生培养工作上,她始终强调研究生要"以研究为主",要结合实际科研课题开展研究,并严格要求研究生必须具备在实验室进行严密的科学实验与微观论证的能力,坚持把培养质量放在首位,为国家培养了大批优秀的高层次人才,其中钟院士指导的1篇博士学位论文还被评为全国优秀博士学位论文。为提升学科整体水平和地位,从博士点的申请和国家重点学科的争取,到省部、国家重点实验室的建设立项,都是在钟院士的具体组织和具体指导下进行的。近三十年来,我校机械学科从只有部分培养硕士研究生的学科专业发展成为在本学科领域门类齐全的培养点,在培养层次和规模、质量和水平上都发生了巨大的变化,发展成为了国内外知名的一级学科国家重点学科,跨入了国内一流学科之列,都离不开钟院士呕心沥血的付出和全体教师艰辛的努力。

钟掘院士长期从事机械工程和材料制备领域的教学与科研工作,在科学研究工作中,始终瞄准国家经济发展、国防建设中亟待解决的重大难题和本学科领域发展前沿,不断地研究新问题,探索新发明,进行新创造。在机械设计理论、材料制备技术与装备等方面进行的开拓性研究与工程实践,为我国相应科技领域的发展作出了重要贡献。

一、基础研究与技术发明

1. 担任973项目"提高铝材质量的基础研究"首席科学家,组织国内高校、研究院、企业的百余专家针对国家重大需求,从铝土矿浮选、冶金、材料、加工等铝材制备全过程开展基础研究,形成多项理论成果、技术发明,将我国冶金用铝土矿保证年限由20年提高到60年,电解铝和氧化铝节能20%,国家重大工程用重要铝合金性能提高10%,全面推动我国铝工业的技术进步和结构调整,项目科技成果转化生产力三年增加利润97亿元,2007年获国家科技进步一等奖。

2. 提出轧机变相单辊驱动理论与技术。发现并论证轧机驱动系统的异常严重损坏是因为其间出现巨大附加力流,应用这一认识论证了武钢引进新日铁热连轧机不能投产的异常重大故障是日方技术造成系统中出现异常附加载荷,据此向日方技术索赔成功。基于此理论提出轧机单辊驱动技术,从本质上消除了巨大力流产生机制,根除了轧机异常损坏问题,产品品质和成品率提高25%~30%,已在冶金机械等5个行业应用,1985年获国家首次颁发的国家科技进步一等奖。

3. 将电磁场引入铝材铸轧过程,提出了铝合金电磁铸轧理论,发明了电磁铸轧技术与装备,为高性能铝材生产创造了一种新的节能、高效、高品质生产方式。建立电磁铸轧理论与发明技术装备系统。发现铝合金在电磁场环境下凝固与轧制,可以获得等轴细晶和良好晶界组织的规律,发明了铝合金电磁铸轧技术与装备,使铸轧铝板晶粒度达到一级,强度、可加工性分别提高10%和30%,解决了我国对量大面广高性能铝热轧板需求问题，在有色加工行业应用，2002 年获国家技术发明二等奖。

4. 提出复杂机电系统耦合设计理论与方法，为现代复杂机电系统的设计提供了理论基础，在机械与制造学科中产生重要影响并被广泛采用，促进了复杂机电装备设计与运行监控理论的发展，被国家自然科学基金委制造学科纳入"十一五"战略规划。2007 年出版专著《复杂机电系统耦合设计理论与方法》。

5. 发明高效短流程快速铸轧技术与装备，将铸轧生产速度提高为原来的 2～4 倍，晶粒细化，产品强度提高 10%，推动我国铸轧技术的提升和扩大可加工铝合金品种，获省部级科技进步一等奖、中国高校 2001 年十大科技进展。

二、技术创新与工程应用

1. 完成我国大型铝加工生产线的高技术改造工程研究，建成我国第一条现代化铝板生产线，1995 年获国家科技进步二等奖。

2. 完成特薄优质铝板技术开发研究，结束我国不能生产高性能特薄铝板状态，1996 年获国家科技进步奖二等奖。

3. 开发系列金属塑性加工新型润滑剂，已覆盖国内 40% 铝加工厂，1998 年获省级一等奖。

4. 为解决国防制造能力发展的需要，对亚洲唯一的 3 万吨水压机进行功能升级，全面提升了水压机的高效高精度锻造能力和锻件质量，解决了重要国防武器装备大型构件不能制造难题，获部级科技进步一等奖。

5. 承担国防重要大型锻件模具原型设计与研制，解决了大型复杂锻件金属流线连续，无损伤脱模等技术难题，提供的模具设计技术，已应用于××型号火箭的重要锻件制造。

6. 研制系列有色金属加工高效润滑剂，同时提升了材料品质和生产效率，获1998 年省部级科技进步一等奖。

三、参加国家与部委科技发展规划战略研究与成果

1. 参加国家中长期科技发展规划战略研究，提出"极端制造"概念和理论框架，"极端制造技术"列入《国家中长期科技发展规划》第五部分前沿技术，重点科学前沿问题"极端环境下制造的科学基础"列入第六部分基础研究中，并在国家有关科技计划中体现。

2. 参加国家 973 计划"十二五"发展战略研究，负责制造学科内容撰写，并建议 973 计划设立制造领域，获得批准。

3. 参加国家自然科学基金委"十一五/十二五"发展战略研究，负责制造学科发展规划战略研究，已编撰出版《机械与制造科学——学科发展战略研究报告》和

《机械工程学科发展战略报告》。

4. 参加国家发改委"十一五/十二五"《振兴我国装备制造业的途径与对策》、教育部、有色金属工业、国防工业等行业部门中与制造和装备相关的中长期发展规划的研究和制订。

四、实验室建设

1. 在经费短缺条件下，艰苦奋斗，带领大家一起将萌芽的创新思维建成实验研究系统，如"电磁扰动金属结晶与形变""界面微尺度热传导规律"等 10 余台套实验系统，建成中国有色金属总公司"摩擦与润滑"重点实验室、国内唯一的属学科前沿探索的"快速铸轧"实验室。

2. 在钟掘院士的带领和精心指导下，通过整合资源和凝聚力量，先后建成教育部"铝合金强流变技术与装备工程研究中心"和现代复杂装备设计与极端制造教育部重点实验室。

3. 钟掘院士作为制造学科学术领军人物，带领我校制造学科群的主要学术带头人组成精锐团队，成立了高性能复杂制造实验室。该实验室是我国国防军工高性能构件制造、高速列车气动外形和螺旋锥齿轮等复杂曲面设计制造、新兴的微电子光电子等微结构制造、复杂装备设计理论创新的重要研究基地，为我国高端制造的发展作出了巨大的贡献。2011 年，该实验室获批立项建设国家重点实验室。

4. 钟掘院士承担的国家产业跃升计划项目"高性能铝材工程化研究与创新能力建设"，项目总经费 8 亿元，将建成第一个国家大型高性能铝材/构件制备技术工程试验研究和创新能力建设基地。

2.2　学术带头人

白玉衡（1907—1970），男，汉族，山西清徐人，1935 年日本京都帝国大学研究院采矿机械研究生肄业。历任广东省立勤勤大学、广东省立文理学院教授，广西大学教授、总务长、系主任等职。新中国成立后，1949—1952 年，曾任广西大学教授、校务委员会常务委员、工会副主席、代主席。1952 年调入中南矿冶学院后，先后任教授、采矿工程教研组主任、采矿系副主任、系主任兼矿山机械设备教研组主任、矿冶机电系主任等职，研究生导师。兼任湖南省人民委员会委员，民盟湖南省委委员，湖南省人民代表，中南矿冶学院院务委员会常委，中南矿冶学院工会主席，《中南矿冶学院学报》编委，中国科学院矿冶研究所学术委员会委员及研究员，国家科委矿山机械组组员等职。多次被评为校先进工作者，1960 年被选为湖南省文教系统群英大会特约代表。

白玉衡教授 1926 年公费留学日本至 1935 年回国，历时 10 年。回国后，先后从事地质、采矿、机械等领域的教学与研究工作，曾在广西发现探明锌、钨矿床，编著有《采矿工程学》《矿山测量》《采煤机械》等教材。在中南矿冶学院工作期间，从事采掘机械、机械专门化、企业设计原理等课程讲授及其教材编写，校译了苏联的《采矿手册》。培养指导研究生 5 人，主持冲击凿岩理论研究和小直径轻型高效率凿岩机的科研项目，带队参加湘东钨矿机械化作业线研制和快速掘进方案的制订，为创造国内独头巷道月掘进新记录作出了重要贡献。

郑仲皋，男，汉族，1922 年出生，湖南澧县人，1946 年武汉大学机械工程专业毕业，获学士学位。历任武汉大学机械系助教，湖南大学、北京工业学院讲师。1953 年调入中南矿冶学院后，1959—1960 年在重庆大学随苏联专家进修冶金机械专业，曾任中南矿冶学院讲师、副教授、兼职教授、机械教研组主任、冶金机械教研室主任、矿冶机电系副主任、机械系副主任等职，研究生导师。1983 年调至长沙交通学院担任教授，继续指导研究生，并为中青年教师讲授课程，1992 年退休。在中南矿冶学院期间，曾兼任中南矿冶学院院务委员会委员，《中南矿冶学院学报》编委，校学术委员会委员，全国机械传动学会理事，湖南省机械工程学会副理事长，长沙市机械工程学会副理事长等职。在本校和长沙交通学院期间，曾先后被评为学校先进工作者、湖南省优秀教师和交通部优秀教师，享受政府特殊津贴。

郑仲皋教授长期从事机械工程领域的教学与研究工作，在本校期间，曾系统讲授过机械制图、理论力学、材料力学、机械原理、机械零件、轧钢、炼铁、炼钢、机械振动、冶金机械动力学、弹塑性力学及有限元法、机械系统动力学等数门专业基础和专业课程，教学效果显著，曾获得学校优秀教学成果奖。编写了《仪器机构精度分析》《四辊轧机》《机械系统动力学》《冶金机械动力学》等教材和讲义。20 世纪 50 年代在齿轮啮合理论方面进行了大量的研究，公开发表数篇学术研究论文，在机械振动和系统动力学方面进行了系统深入研究，其研究成果得到广泛应用。

梁在义（1916—1989），男，汉族，湖南长沙人，1943年湖南大学机械工程专业毕业，曾在工厂担任技术工作、当过中学教师，1945—1953年在湖南大学机械系任助教。1953年调入中南矿冶学院后，历任中南矿冶学院助教、讲师、副教授，机械组制图分组组长，机械制图教研室主任等。曾被评为学校社会主义建设积极分子。由于长期身体不好，1975年开始因病休养。

梁在义老师长期从事工程图学的教学与研究工作，主要担任画法几何、机械制图等课程的教学工作，多次编写画法几何与机械制图的教材讲义。在教学上一贯认真负责，教学内容精练、质量高。担任制图教研室主任期间，组织全室教师开展一系列教学法活动，主动给年轻教师传授教学经验，为提高教学质量作出了贡献。对于多维画法几何进行了深入全面的研究，发表过数篇研究论文，其中《超平面投影法及图解 n 元线性方程》一文具有独特见解和创造性，实用价值较高，1964年被国家科委授予成果公布奖。

古　可，男，汉族，1934年出生，广东五华人，1960年毕业于北京钢铁学院（现北京科技大学）。历任中南矿冶学院助教、副教授，中南工业大学教授、机械研究所所长，1986年经国务院学位委员会批准为博士研究生导师，1987年筹建深圳市金达科技中心（中南工业大学与重庆西南铝加工厂合办）。1984年被国家科委授予"国家级有突出贡献的科技专家"称号，1990年被国家教委、国家科委授予"全国高校先进科技工作者"称号。曾担任中南矿冶学院学术委员会委员，全国政协第七届至第九届政协委员，深圳市政协副主席，深圳市科协主席等职，享受国务院政府特殊津贴。

古可教授长期从事冶金机械的教学与科研工作，20世纪70年代以来，共完成重大科技项目10多项，获国家科学技术进步一等奖、二等奖各1项、省部级科技成果奖励6项，发表学术论文50余篇、科学专著2部、译著1部。与钟掘教授合作研究，提出了变相单辊驱动理论，揭示了箔带轧制中的力学特性及其特殊的轧制规律，其研究成果于1985年获国家科技进步奖一等奖。作为研究生的指导教师，他在教书育人、教学改革方面也很有成就，其教学改革成果受到同行专家的高度赞赏，获得省部级教学成果奖2项。培养博士、硕士研究生10多人。

　　杨襄璧，男，汉族，1933 年出生，辽宁铁岭人，1957 年东北工学院矿山机电系毕业分配来中南矿冶学院工作。历任中南矿冶学院助教、讲师、副教授，中南工业大学教授、机械研究所党支部副书记、书记，液压机械工程研究所所长，1990 年经国务院学位委员会批准为博士研究生导师。曾兼任中国有色金属学会冶金设备学会理事，全国凿岩机械与气动工具标准化技术委员会委员，中国凿岩机械气动工具工业协会理事，《凿岩机械气动工具》编委会第一副主任。被授予"湖南省优秀科技工作者"称号，享受国务院政府特殊津贴。

　　杨襄璧教授长期从事矿山机械、工程机械的教学与科研工作，在液压凿岩理论和技术方面造诣颇深，提出了液压冲击机构设计的抽象变量理论，形成了具有自己特色的理论体系和设计计算体系，对液压凿岩设备的新结构和新原理有精深的研究，发明了"自动换挡液压凿岩机"和"无级独立调节冲击能和频率的液压冲击机构"等，为液压凿岩设备的技术进步作出了贡献。在所主持的研究项目中，获国家发明三等奖 1 项，国家科技进步三等奖 1 项，省部级科技成果奖励 12 项，开发了 4 类 12 个品种的液压凿岩设备新产品，填补了国内的空白。发表论文 90 余篇，专著 1 部，取得国家专利 32 项。培养博士后 1 人，博士研究生 12 人，硕士研究生 10 多人。

　　朱启超（1930—2002），男，汉族，湖南常德人，1953 年湖南大学机械制造专业毕业分配来中南矿冶学院任教，1955—1957 年在北京矿业学院随苏联专家进修矿山机械专业。历任中南矿冶学院（中南工业大学）助教、讲师、副教授，校保密委员会秘书，系教工团总支书记，矿山机械设备教研组副主任，机电系党总支委员，校附属工厂副厂长，校师资科副科长，机械系第一副系主任（主持工作），矿机教研室主任等职，硕士研究生导师。曾兼任湖南省机械工程学会理事，湖南省工程机械学会副理事长等职。多次被评为校先进工作者和优秀共产党员。

　　朱启超老师长期从事机械学科专业的教学与科研工作，先后讲授过画法几何与机械制图、机械零件、矿山运输机械、矿山装载机械等本科生课程，并为本科生开出矿山机械的行星齿轮传动原理等选修课程，为研究生开设了随机振动与谱分析、钻孔机械的基础理论等课程，培养了 3 名硕士研究生。主编与参编了《矿山运输机械》《矿山装载机械》等教材和讲义，作为主审参加了"矿山机械使用维修"丛书之《矿山钻孔设备使用维修》的编写工作。参加了斗轮机和搅拌机的设计与改进工作，公开发表"提升机行星减速器重量的数学模型""无阀气动内回转凿岩机凿入系统最优参数匹配的研究""气动内回转凿岩机轴推力的理论研究""铲运机运输矿石的新方案"等数篇研究论文。

卢达志（1926—2006），男，汉族，湖南邵阳人，1951年武汉大学机械制造专业毕业留校任助教，1953年调入中南矿冶学院。历任中南矿冶学院（中南工业大学）助教、讲师、副教授、教授，实习工厂教学小组主任，附属工厂副厂长，金属工艺学教研室主任，机电系副主任、党总支委员，机制教研室主任、党支部书记等职。曾兼任中央广播电视大学金属工艺学课程主讲教师，湖南省机械工程学会理事，湖南省金工学会理事长及名誉理事长，中南地区金工教学研究会副理事长，全国金工研究会筹备委员，湖南省总工会科技协作委员会委员，《金工教学研究》期刊编委等。

卢达志教授长期从事金工教学和研究工作，并长期主持金工实习和金属工艺学的教学资料和教材的编写工作，为学校金工实习基地建设和发展作出了重要贡献，多次被学校评为先进工作者。在担任省金工学会理事长期间，积极组织对省内青年教师的培训，加强省内外同行的学术交流，扩大了我校在国内同行的影响。先后担任过金属工艺学、金属切削、锻造工艺学、专业外语等5门课程的讲授，所主参编、主审的《金属工艺学实习指导书》《机械加工工艺基础》《非机类金属工艺学》等教材得到广泛使用，参与编写并讲授的中央广播电视大学电视教学片《金属工艺学下册》在中央电大1987年及1989年音像教材评比中两次获奖。所承担的科研项目中，"球墨铸铁刀体机夹端铣刀"在企业得到推广应用；"热嵌固齿钎头"使柱齿钎头的使用寿命接近当时的世界先进水平，获省级科技进步三等奖；"用废铝镁合金铸造球墨铸铁""利用电火花加工在硬质合金刀片上冲孔和研磨""离子氮化炉的研制"等也在实践中获得实际应用，对生产作出了积极贡献。

王庆祺（1932—2011），男，汉族，江苏太仓人，1954年东北工学院矿山机械制造专业毕业后留在该校机械系任助教。1959年调入中南矿冶学院，先后任中南矿冶学院（中南工业大学）助教、讲师、副教授、教授，机电系教学助理，机械系第一副主任（主持工作），校学术委员会委员，机械原理及零件教研室主任等职。曾兼任湖南省机械工程学会理事，湖南省机械传动与设计学会副理事长，湖南省机械设计教学研究会副理事长等。

王庆祺教授长期从事机械设计领域的教学与研究工作，曾先后讲授过机械零件课程、起重运输机、机械原理、机械原理零件和应用摩擦学等多门课程，基础理论丰富，知识面广，教学水平高。主编和参编了《机械零件》《机械基础知识》《机械传动装置，齿轮蜗杆减速器设计》《机械设计》《机械设计课程设计指南》等多部教材，其中公开出版 3 部。指导本校和外校教师进行教学法文件的制订、教材和设计资料的编写与修改工作，参加研究生的指导工作，曾主持制订机械工程、矿山机械、冶金机械等专业的教学计划。编译出版译著 1 部，参加编撰的《机械设计手册》获得全国科学大会奖和全国优秀畅销书奖。承担多项机械设备的开发研制工作，其中 ZYQ – 14 轮式装运机和 DQ2020 斗轮机均研制成功并量产，运行性能良好。还完成了诺维柯夫齿轮传动、定向钻井用螺杆钻具、烤烟机等的设计研究工作，发表《斜齿圆柱传动承载能力与参数 $m. z. \beta$ 的关系》《斜齿圆柱传动表面强度的承载能力》《轴的疲劳强度计算》等数篇研究论文。

夏纪顺，男，汉族，1922 年出生，湖南溆浦人，1952 年广西大学采矿专业毕业分配来中南矿冶学院任教，1956—1957 年在北京矿业学院随苏联专家进修矿山机械专业。历任中南矿冶学院（中南工业大学）助教、讲师、副教授、教授，矿山机械设备教研组秘书、实验室主任，校工会秘书，采掘机械、矿山机械实验室主任，矿山机械教研室主任，系部门工会主席，校工会副主席，机械系代主任，校学位评定委员会委员，校学术委员会委员，硕士研究生导师。曾兼任湖南省金属学会理事、常务理事，湖南省机械工程学会理事，机械委标准审查委员会委员，机械委高校教材编审委员会委员，《凿岩机械与风动工具》期刊编委等。多次被评为校先进工作者和校工会积极分子。

夏纪顺教授长期从事矿山机械领域的教学与研究工作，主要讲授采掘机械、矿山机械、凿岩机械、钻孔机械等本科生课程，编写过"矿山机械""凿岩机械""露天采掘机械"等讲义，编审公开出版的教材有《采掘机械》《矿山机械：钻孔机械部分》等，并指导外校进修教师和培养硕士研究生 10 多名。长期担任矿机实验室主任工作，建设初期，组织制作了大量大型矿山机械装备的木质模型和教学挂图，工作受到苏联专家高度评价，为实验室建设与管理工作了数十年，作出了较大贡献。主编了《采矿手册（第 5 卷）》，主审了 3 部出版发行的矿山机械维修手册，参与了中国有色金属工业总公司矿山工业十年规划、冶金地下矿山机械化调查及发展规划、湖南省冶金矿山机械发展规划等的制订工作，曾多次被评为优秀学会工作者，获得多项科技成果奖励，在同行中具有较高的声誉和影响。

程良能，男，汉族，1928年出生，湖北鄂城人，1952年武汉大学机械制造专业毕业分配来校任教。历任中南矿冶学院（中南工业大学）助教、讲师、副教授，机械教研室副主任、主任，冶金机械教研室副主任、主任，党支部副书记，机械系第一副主任，党总支委员等。曾兼任中国有色金属学会冶金设备学术委员会委员。先后10多次被评为学校"五好教师""先进教师"和"先进工作者""优秀共产党员"。

程良能老师长期从事机械设计和冶金机械的教学与研究工作，讲授过机械制图、机械原理、机械零件、结构力学、起重运输机械、仪表设计基础、有色重金属冶炼设备、机械动力学、专业外语等课程，主编和参编有《有色重金属冶炼设备》《专业科技英语》《机械原理及零件》《机械基础》《有色金属冶炼机械设备》等教材和讲义，编译有"通用设备""出口机床说明书"等外文学习和参考资料。组织和指导校内外青年进修教师10余人，参与制订研究生培养计划等指导工作。曾主持制订机械原理零件和冶金机械实验室的建设规划，参与了数个实验台的设计及调试工作。作为编委会副主委和第一卷主编参加编撰的专著《有色冶炼设备（第一、二、三卷）》获部级科技进步二等奖，主编的教材《机械零件课程设计：齿轮、蜗杆减速器设计》由湖南科学技术出版社公开出版发行。承担并完成了武汉冶炼厂、湘潭电缆厂等单位"落地式加料机的设计与研制"等科研项目，发表有《讲授方法十要》等教学研究论文。

齐任贤，男，汉族，1926年出生，湖南湘潭人，1952年湖南大学矿冶系毕业分配来中南矿冶学院任教，1955年在北京矿业学院随苏联专家学习矿山机械。历任中南矿冶学院（中南工业大学）助教、讲师、副教授，机械设备教研组实验室主任、教学小组组长，矿山机械教研室科研干事等，硕士研究生导师。多次被评为学校先进工作者。

齐任贤老师长期从事矿山机械和液压技术的教学与研究工作，多次担任矿山通风排水设备、矿山压气设备、矿井固定设备、水力学、冶金厂给水送风、水力学泵鼓风机、液压与液力传动等课程的理论教学、教材编写等教学环节的工作，组织和参与了压气通风排水设备、液压与液力传动等实验室的建设工作。培养硕士研究生4名，主编和撰写的高校教材《液压传动和液力传动》和专著《液压振动设备动态理论和设计》，公开出版发行。在企业对水泵和风动凿岩机等设备进行过深入研究，提高了设备生产效率，参与承担了国家重点项目"平巷掘进全液压机械化作业线"和"CGJ-2Y型全液压凿岩台车"的设计研制工作。由于在教学科研工作的突出表现，他成为学校"文化大革命"后首批晋升的副教授之一，也是本学科"文化大革命"后首个招收研究生的研究生指导教师。

　　梁镇淞，男，汉族，1930 年出生，广西容县人，1953 年广西大学内燃机专业毕业分配来校任教。历任中南矿冶学院（中南工业大学）助教、讲师、副教授、教授，制图教研组教学科研干事，机械原理零件教研室副主任，校学术委员会委员等，硕士研究生导师。曾兼任全国机械原理教学研究会理事，湖南省机械原理教学研究会理事长等。多次被评为学校先进工作者并多次获得教学优秀奖，享受国务院政府特殊津贴。

　　梁镇淞教授长期从事机械设计领域的教学与研究工作，为本科生、研究生和中青年教师讲授过热工学、机械原理、机械零件、统计物理、热力学、制图及画法几何、最优化设计、运动学和机构设计、振动分析基础、机械动力学等 10 多门课程。主持进行的机械原理与零件课程改革，从教学内容和方法上均做了大量工作，所建立的"原理、零件实物实验室"获中国有色金属工业总公司教学改革特等奖，原理零件教研室也被国家教委评为全国高校先进集体和先进实验室、湖南省教委先进集体等奖励。领衔承担的"机械原理及机械零件课程教学内容、方法改革的探索与实践"获得国家级优秀教学成果奖，在机械原理与零件课程教学改革上成绩卓著、作出了显著贡献。培养硕士研究生 1 名，指导进修教师和中青年教师 10 余名。承担的科研项目"CS492Q 型汽车发动机配气机构改进设计"获湖南省科技进步三等奖，公开发表有《曲面立体椭圆截断面的主轴画法》《〈机械原理〉课程教学改革实验》等数篇科研与教学研究论文。

　　钱去泰，男，汉族，1926 年出生，湖南长沙人，1948 年国立中央大学机械系四年制大学毕业后，曾在湖南工业学校、汉口汽车制造学校等任教。1953—1956 年在哈尔滨工业大学铸造专业读研究生，毕业后在长春汽车拖拉机学院机械系任教。1959 年调入中南矿冶学院后，历任讲师、副教授，金属工艺学教研室副主任，机电系系主任助理、校学术委员会委员，中南工业大学教授、机械制造教研室主任等职，硕士研究生导师。曾兼任湖南省机械工程学会理事、常务理事、副理事长、副秘书长，湖南省金工学会理事长，中国铸造学会理事，湖南省铸造学会理事长、荣誉理事长，长沙市机械工程学会常务理事、副理事长、学术委员会主任，民盟湖南省委外联委委员、科技委主任，民盟中南工业大学主委等。多次被评为校先进工作者、中国机械工程学会优秀工作者、湖南省机械学会积极分子、长沙市科协先进个人等，享受国务院政府特殊津贴。

钱去泰教授长期从事机械制造领域的教学与研究工作，先后为本科生主授过理论力学、材料力学、铸造生产、铸造合金及其熔炼、金属工艺学、金属材料及热处理等8门课程，为研究生开设并讲授铸造合金性能课程，所编写的《机械工程材料》和《冲天炉熔炼技术》教材为多所院校相关专业采用。培养硕士研究生5名，指导校内外进修教师7人。主持承担的耐磨铸铁成果获得两项华中电力局科技成果二等奖，"MTCr15Mn2W高铬铸铁砂泵耐磨件的研制"获得部级科技成果二等奖，所研制的稀土镁球铸造机夹刀体技术成功转让企业生产。发表有《引人注目的高铬铸铁热处理新工艺》等数篇研究论文，在"耐磨铸铁"研究上取得显著成果，曾多次主持全国性铸造行业学术会议，在业内有较大影响和声望。

贺志平，男，汉族，1926年出生，湖南宁乡人，1953年湖南大学机械制造专业毕业分配来中南矿冶学院任教，1954年在上海交通大学进修起重运输机械。历任中南矿冶学院（中南工业大学）助教、讲师、副教授、教授，机械制图教研室副主任、主任，机械系学术委员会委员兼秘书等。曾兼任中国工程图学学会应用图学专业委员会委员，湖南省工程图学学会副理事长、理事长，《工程图学学报》编委等职。

贺志平教授长期从事工程图学及机械领域的教学及研究工作，先后讲授过画法几何、机械制图、起重运输机械、机械设计、计算机绘图等课程，为校内外教师讲授了仿射几何课程，编写了"画法几何""起重运输机械"等讲义，公开出版了《画法几何及机械制图》及《画法几何及机械制图习题集》等教材和专著《仿射对应及其应用》，主审外校教师编写的3部教材。曾承担和参加过15 m回转窑、T－25简易钻架、SG－90小花片切片机、XL2个型号商业专用汽车的设计和研制工作，所研制设备均已在生产中得到应用。在仿射几何研究上取得较大成果，为工程图学的研究和发展作出了贡献，在同行中具有一定影响。

　　李仪钰，男，汉族，1925 年出生，湖南沅江人，1956 年北京矿业学院矿山机械设备研究生毕业分配来中南矿冶学院任教。历任中南矿冶学院(中南工业大学)助教、讲师、副教授、教授，矿山机械教研室副主任，硕士研究生导师。曾兼任中国有色金属学会采矿学术委员会矿山机械及自动化学组副组长，湖南省标准化协会理事等。多次获得学校教学优秀奖，1989 年被评为学校优秀教师和湖南省优秀教师。

　　李仪钰教授与公司长期从事矿山机械领域的教学与科研工作，主要为本科生讲授的课程有矿山提升设备、矿井提升机械、提升运输机械、机械动力学、泵与鼓风机等，为研究生及进修青年教师讲授了有限元法等课程，指导硕士研究生和培训进修教师多名。主编有《矿井提升机械》《矿山提升运输设备》等教材，主审有《矿山提升机械设计》《矿井提升设备使用维修手册》等 3 部教材和手册，参加了《采矿手册(第 5 卷)》及《中国冶金百科全书(采矿卷)》的编撰工作，编译与校对的公开出版著作有《矿山提升设备》和《矿山用钢丝绳》。主持建设了国内第一个多绳摩擦提升机模拟实验室，并主持过全国提升、运输领域学术会议，多次被评为冶金部和机械部设备科技情报网积极分子，在同行中有较大影响，威望较高。先后指导设计多种型号的矿井提升绞车，公开发表数篇学术研究论文。

　　周恩浦，男，汉族，1931 年出生，江苏江都人，1955 年北京矿业学院机械系毕业分配来中南矿冶学院任教。历任中南矿冶学院助教、讲师、副教授，采矿系系主任助理，中南工业大学教授，机械系部门工会主席等，硕士研究生导师。曾兼任中国矿山机械协会破磨设备专业分会副理事长，桂林矿山机械厂技术顾问等职。多次被评为学校先进工作者，获学校教学优秀奖。

　　周恩浦教授长期从事矿山机械领域的教学与研究工作，先后讲授并编写了采掘和运输机械、破碎与筛分机械、选矿机械等课程及其教材和讲义，培养硕士研究生 4 名。编著出版《矿山机械(选矿机械部分)》高等学校教学用书，参加编撰的《机械工程手册(第 66 篇)》获得全国科学大会奖和全国优秀科技图书一等奖，作为主审参加了矿山机械使用维修丛书之《破碎粉磨机械使用维修手册》的编写工作，出版了专著《粉碎机械的理论与应用》。在选矿机械领域进行了几十年持续深入的研究，先后研究了提高颚式破碎机性能的途径、圆锥破碎机的运转可靠性、冲击破碎机的运动学及动力学、冲击破碎的粉碎效率与参数、球磨机内钢球的动力学及性能参数、球磨机衬板断面形状与磨碎效率等。设计了球磨机、各种规格的改进型复摆颚式破碎机、冲击颚式破碎机、节能型立式冲击粉碎机（获国家专利）、惯性破碎机等。其中球磨机获中国有色金属工业总公司科技进步奖、250×400B 型复摆颚式破碎机获广西新产品成果奖。发表研究论文《锤式破碎机锤头的动力学及锤头运动的稳定性》《球磨机性能参数的研究》等 70 余篇，在同行中具有较高的声望和知名度。

吴建南，男，汉族，1933 年出生，江苏常州人，1955 年北京矿业学院矿山机械制造专业毕业分配来校任教，1957—1958 年在北京矿业学院进修露天运输机械和矿山设备修理安装。历任中南矿冶学院助教、讲师，机制工艺教研组教学干事，机电教研室教学干事，矿山机械教研室教学干事，矿山机械教研室副主任等，中南工业大学副教授，矿山机械教研室副主任，机械系副主任，硕士研究生导师。曾获学校教学优秀奖和被评为学校优秀教师。

吴建南老师主要从事机械工程和矿山机械的教学与研究工作，曾担任几个教研室的教学干事、教研室教学主任和主管教学的系副主任数十年，为专业建设和教学改革做出了较大成绩。先后承担本科生及进修教师画法几何与机械制图、机械零件、公差配合与矿山机械制造工艺学、矿山设备修理安装、矿山装载机械等课程讲授及其各环节的教学，培养指导外校进修教师 2 名和硕士研究生 3 名。编写《矿山设备修理安装》《机械制造基础》《矿山装载机械》《矿山装载机械补充教材》等教材及讲义，参加了高等学校教学用书《矿山机械（装载机械部分）》《矿山装载机械设计》《采矿手册（第 5 卷）》等书的编写工作，参加了《金属矿采矿设备设计》《矿山机械底盘设计》《矿山机械（装载机械部分）》等出版教材和著作的审稿工作。参加冶金工业部组织的"地下矿山机械化调查"项目获部级科技成果奖，研制的新型斗轮机和气动装运机均已投入生产，有关参数被编入设计手册。公开发表《斗轮堆取料机工作装置优化数学模型的确定》等研究论文数篇。

宋渭农（1934—1993），男，汉族，湖南双峰人，1959 年大连工学院机械制造工艺及设备专业毕业分配来中南矿冶学院任教。历任中南矿冶学院（中南工业大学）助教、讲师、副教授、教授，液压传动与控制教研组及实验室主任，机械系部门工会委员，机械工程系副主任，硕士研究生导师。曾兼任湖南省机械工程学会流体传动与控制专业委员会副主任委员，中国有色金属学会液压与气动学术委员会委员。

宋渭农教授长期从事机械制造和液压技术领域的教学与研究工作，为研究生、本科生和进修教师讲授画法几何、金属工艺学、机制工艺、液压传动、液力传动、控制理论与液压控制系统、液压伺服系统的设计与分析、机械控制工程等 10 余门课程，指导硕士研究生 6 名。编写有"液压流体力学"和"液压传动补充"等讲义，知识面广，教学效果好，在液压系统课程建设和液压实验室建设上作出了显著贡献。他还承担过多项科研项目，其中作为负责人之一所承担的"2MMB7125 精密半自动周边磨床"研制项目获得部级科技成果三等奖，在国家重大项目"2800 铝带轧制生产线改造工程"中所承担的液压系统设计达到国际先进水平。为湖南省情报研究所翻译了 20 多万字的进口设备的英文资料，公开发表了《硬质合金可转位刀片周边仿形磨削原理及仿形凸轮的设计》等数篇研究论文。

陈贻伍，男，汉族，1937 年出生，安徽黄山人，1960 年北京钢铁学院冶金机械专业毕业分配来校任教。历任中南矿冶学院助教、讲师，冶金机械教研室副主任，中南工业大学副教授、教授，冶金机械教研室副主任，机械系副主任，机电工程学院副院长等。曾兼任湖南省机械工程工程学会传动分会理事，中国有色金属学会冶金设备学术委员会压力加工设备专业委员会委员。曾获学校教学优秀奖和被评为先进工作者。

陈贻伍教授长期从事冶金机械领域的教学与研究工作，曾讲授冶金起重运输机械、机械原理及零件、金属塑性变形与轧制原理、塑性变形力学基础与轧制原理、计算机控制系统、板带加工机械设计、轧钢机械设计等课程，主编和参编了《计算机控制系统》《拉伸设备》《板带生产设备》《冷轧管机》《四辊冷轧机》等教材讲义，辅导数名研究生及青年教师的教学工作。作为编委会委员主编了专著《有色金属冶炼设备》第三卷、参编了第一卷，该专著获部级科技进步二等奖。编译出版译著《机械零件设计原理》，参与了"液压式半连续铸锭机""Cu 阳极板自动定量浇注系统设备"等国家标准的制订和审查。主持和参加了多个企业技术改造项目和科研项目的设计研制工作，发表有《力流法及其在机械设计中的应用》《桥式加料机立柱系统的计算》等数篇研究论文。

高云章，男，汉族，1936 年出生，辽宁沈阳人，1960 年于北京钢铁学院冶金机械专业毕业分配来中南矿冶学院任教。历任中南矿冶学院（中南工业大学）助教、讲师、副教授、教授，机械制图教研室教学干事，机械系计算机辅助设计室主任，机械综合实验中心主任等，硕士研究生导师。

高云章教授先后从事工程图学和冶金机械领域的教学与研究工作，为本科生主授过画法几何、机械制图等课程，为研究生和本科生首先开设并讲授机械优化设计方法和弹性力学有限元法等课程。编写有《机械优化设计》教材讲义，参加编写公开出版的教材有：高等学校教学用书《机械优化设计方法》。培养硕士研究生 14 名，多次承担外校教师和企业技术人员的技术培训工作。组织并实施了系计算机辅助设计实验室的建设及实验课程设置工作，为促进计算机在本学科教学科研中的应用作出了积极贡献。主持承担的科研项目"SGD－320/18.5 型刮板输送机"获得湖南省科技成果四等奖，研制的扒渣机在多家企业生产中得到应用。还承担过"多辊冷轧管机的优化设计""新型弧形连续铸钢设备及其飞剪的设计研制"等多项科研课题，发表研究论文《周期式二辊冷轧管机垂直平衡机构参数的最优选择》《摆式飞剪的系统测试及分析》等 20 余篇。

李　坦，男，汉族，1935 年出生，河南商城人，1960 年北京钢铁学院冶金机械专业毕业分配来中南矿冶学院任教。历任中南矿冶学院助教、讲师，冶金机械实验室主任，中南工业大学副教授、教授，冶金机械教研室主任，机器人研究中心主任，硕士研究生导师。曾兼任湖南省力学学会流体控制工程专业委员会副主任等，多次被评为学校先进工作者和优秀共产党员。

李坦教授长期从事机械学、液压技术和机器人工程的教学与研究工作，曾担任过机械原理及零件、液压传动、液压伺服系统、冶金机械动力学、自动控制原理、机器人学、机械控制工程等本科生和研究生的教学工作，所编写的《液压传动》《液压伺服系统》教材被多所院校相关专业采用。组织设计并实施建成"轧机压下系统液压伺服模拟实验台"等实验系统，组织建设了机器人研究中心，为机器人的研究与发展作出了贡献。培养了硕士研究生和青年教师 10 余名，主持完成的科研项目"CS492Q 型汽车发动机配气机构改进设计"获省科技进步三等奖、"CS－1 双臂工业机器人研制及铍铜合金生产过程机构自动化"获部级科技成果二等奖，还承担了"电葫芦行星减速器设计""大型液压辊式破碎机测试与分析"等多项科研项目。在国内外发表有《负载自造应式位置控制电液伺服系统设计》*The robot engineering for occupational accident* 等 40 余篇研究论文。

孙宝田，男，汉族，1936 年出生，北京市人，1960 年北京钢铁学院冶金机械专业毕业分配来校任教。历任中南矿冶学院助教、讲师，冶金机械实验室主任，中南工业大学副教授、教授，冶金机械教研室主任，连续挤压研究中心副主任等，硕士研究生导师。曾兼任中国现代设计法理事，宝应振动仪器厂、黄岩科学仪器厂顾问。多次获学校教学优秀奖和被评为学校优秀共产党员。

孙宝田教授长期从事冶金机械领域的教学与研究工作，曾讲授机械原理零件、机械制造基础、有限单元法、机械测试技术、机械振动测试与分析等课程，编写了《有限单元法》《机械振动测试与分析》等本科生和研究生用教材，出版译著《机械测试研究译文集》。参加筹建了机械原理零件实验室，主持建成冶机测试技术实验室，开出本科生及部分研究生的教学实验。培养了 10 名硕士研究生和一批实验人员及青年教师。承担了 10 多项科研项目的研究，如作为机械设备研究及设计总负责人承担了国家"七五"重点科技攻关项目"软铝加工新工艺新设备——连续挤压研究"，该项目获国家科技进步三等奖、国家"七五"科技攻关重大科技成果奖和部级科技进步一等奖；负责研制的射流控制全自动六角机床在省成果展览会上展出；设计的加热炉扒钢机和链条浸油浸蜡机均在企业得到很好的应用。公开发表有《CONFORM 机的主轴及其扭矩波动》等研究论文 20 余篇。

　　胡昭如，男，汉族，1936 年生，湖南资兴市人，1960 年中南矿冶学院矿山机电专业毕业留校任教，1960—1961 年在西安交通大学进修锻压、焊接专业。历任中南矿冶学院助教、讲师，机械制造实验室主任，机械制造教研室副主任、主任，中南工业大学副教授、教授，机械制造教研室主任等。曾兼任湖南省教委省级重点课评估专家组成员，湖南省高校《金工实习》评估委员会副主任，中南五省金工研究会副理事长，湖南省机械工程学会常务理事，湖南省金工学会理事长，湖南省热处理学会常务理事等职。多次被评为学校先进工作者、优秀共产党员，获得过湖南省教委及学校的课程建设成果奖和学校教学优秀奖。

　　胡昭如教授长期从事机械制造热加工方面的教学与科研工作，并主持了实验、实习基地的组建工作。讲授过金属工艺学（热加工）、锻压、焊接、金属材料及热处理等课程，并长期指导金工实习。参编出版的《金属材料及金属零件加工》、主编出版的《机械工程材料》等教材分别获得部级优秀教材一、二等奖，主审教材 2 部。主持和参加完成了"精密偶件的保护气氛热处理""挤压模、模锻模、机加工刀具和机械零件的辉光离子氮化处理""油隔离活塞泵进出口阀座的渗硼、碳硼共渗处理""新型抗磨材料的研制"等科研项目，多次获得省部级科技成果奖，获得国家发明专利授权 2 项，并在易磨损零部件上的应用等领域都取得了很好的成果，成果应用的经济效益显著。发表教学研究、课程建设、科研成果方面的研究论文 10 余篇，其中论文《KmTBCr18Mn2W 新型抗磨材料的研究》被评为湖南省自然科学优秀论文二等奖。

姜文奇，男，汉族，1934 年出生，四川自贡人，重庆大学金属切削加工专业毕业后留校任教，1957 年在清华大学、北京航空学院随苏联专家进修机械加工，1960 年在哈尔滨工业大学随捷克专家进修机械加工，历任重庆大学助教、讲师，公差实验室主任，金属切削实验室主任，机制教研室秘书等，1975 年调入中南矿冶学院任教。历任中南矿冶学院（中南工业大学）讲师、副教授、教授，机械制造教研室副主任、党支部副书记等。曾兼任湖南省计量测试学会理事、学术委员会副主任，中国有色金属学会冶金设备制造学会副主任，《湖南计量》刊物副主编等。多次被评为学校先进工作者。

姜文奇教授长期从事机械制造专业的教学与研究工作，曾讲授金属工艺学、矿山冶金机制工艺学、机器制造工艺学、金属切削机床设计、夹具设计原理等课程，主编和参编了《公差与技术测量》《表面形状和位置公差》《矿山冶金制造工艺学》《机器制造工艺学》等教材讲义，编撰的《表面形状和位置公差》《形状和位置公差通俗》《公差与配合通俗》《机械加工误差》等专著先后由国防工业出版社等公开出版。主持承担的"硬质合金不重磨刀片周边磨床的研制"1980 年分别获得湖南省和冶金部科技成果奖，所研制的"2MMB7125 精密半自动周边磨床"1984 年获得部级科技进步三等奖，对西南铝加工厂进行的"φ1500 mm 龙门锯床改造"1990 年获得部级科技进步三等奖，还为企业研制生产了大型导管半自动数控立式车床、后视镜磨削数控机床（平面、周边、抛光等）等设备，为我国机床行业的发展作出了贡献，推动了行业的科技进步。公开发表《周边磨削的精度分析》《反切法磨削多边形——周边磨床的磨削原理及磨削过程分析》等数篇科学研究成果论文。

刘世勋，男，汉族，1937 年出生，湖北黄陂人，1963 年中南矿冶学院矿山机电专业毕业留校任教，1993—1995 年在波兰的罗兹大学和克拉科夫矿业大学进修。历任中南矿冶学院（中南工业大学）助教、讲师、副教授、教授，矿山机械教研室主要负责人、党支部书记，机械系党总支副书记、书记，机械系部门工会主席，机电工程学院党总支书记，硕士研究生导师。曾兼任中国有色金属学会冶金设备学术委员会委员、常委、制造与维修分会主任委员，湖南省机械工程学会机械设计与传动分会理事、副理事长、理事会高级顾问，湖南省设备管理协会理事、常委，湖南省机电工程学会副主任，中南大学教学质量督导专家组组长、关工委委员、校党委组织部组织员等。多次被评为学校先进工作者、优秀共产党员、优秀党务工作者等。

刘世勋教授长期致力于矿山机械设备的教学与研究工作，为本科生、研究生等各类学生讲授过矿山压气设备、矿山通风及排水设备、机械振动学、机械振动的理论及应用、设备管理、现代设计方法、工程经济等课程，编写有《机械振动学》《机械振动理论及应用》等教材讲义。培养硕士研究生 6 名，作为负责人之一组织了有色系统和湖南省企业设备管理人员的培训工作，编写了部分教材和担任主讲。编撰出版专著《液压振动设备的动态理论和设计》，参加了专著《现代设备管理》的编撰工作。作为《矿山机械使用与维修丛书》编委，主审了机械工业出版社出版的《矿山排水设备》和《矿山通风设备》两书。主持和参与承担了"矿山平巷掘进机械化""双机液压凿岩台车的研制"等多项纵向和横向科研项目，获得省部级科技成果奖励 1 项，国家专利授权 2 项。曾被评为学会积极分子，在有色金属工业系统和湖南省内有一定影响。在波兰进修期间，撰写有"波中经济改革比较"和"波兰大学教育"调研报告，公开发表有 *Motion Analysis and Design of Accumulator For Hydraulic Rock Drill* 等研究论文 20 余篇。

张智铁，男，汉族，1940 年出生，湖南株洲人，1963 年中南矿冶学院矿山机电专业毕业留校任教。历任中南矿冶学院(中南工业大学)助教、讲师、副教授、教授，矿山机械教研室主任，机械系副主任等，硕士研究生导师。曾兼任《矿山机械》期刊编委、杂志社理事会理事，中国矿山技术经济研究会理事，中国现代设计法研究会模糊分析设计学会常务理事，中国金属学会冶金运输学会原料准备搬运学术委员会委员，中国金属学会采矿学术委员会矿山机械与自动化专业委员会委员，中国矿山机械协会破碎粉磨设备分会理事，湖南省机械工程学会机械设计与传动学会常务理事、副秘书长等。多次被评为学校先进工作者，1992 年被授予"湖南省有突出贡献的专利发明家"称号。

张智铁教授长期从事矿山机械和机械设计领域的教学与研究工作，曾讲授矿山装载机械、可靠性设计基础、机械可靠性设计、现代设计方法、设备综合工程学、专业英语、互换性与测量技术、矿石破碎机理与破碎设备、物料粉碎理论、科技写作等本科生和研究生课程，培养硕士研究生 9 人。深入进行研究的物料粉碎机理和设备，获得国家科技成果登记、湖南省科技进步奖，国家专利授权 7 项。其 1 篇相关论文被评为湖南省自然科学一等优秀学术论文。在国内外发表研究论文 70 余篇，出版有专著《物料粉碎理论》、译著《工程设计中的可靠性》，参编有《机械工程手册》《采矿手册》《中国冶金百科全书》《国内外矿山机械发展概况》等书，主审有《矿井装载设备使用维修手册》等，其中《机械工程手册》获得 1978 年全国科学大会奖、1983 年全国优秀科技图书一等奖。

任基重（1938—2010），男，汉族，湖南湘阴人，1963 年清华大学金属学及金属材料专业六年制本科毕业留校任教，1974 年调入长沙冶金工业学校（长沙工业高等专科学校）任教，1998 年长沙工业高等专科学校并入中南工业大学后，在中南工业大学机械电子研究所任教。历任清华大学精密仪器系助教、南昌清华农场副指导员、大兴清华农场副连长、清华大学精密仪器系工厂车间副主任，长沙冶金工业学校（长沙有色金属专科学校、长沙工业高等专科学校）讲师、副教授、教授、金相教研室主任兼金相实验室主任、系党总支委员、支部书记、机电系副主任、机电系主任、机电研究所所长、中南工业大学教授等。曾兼任湖南省材料热处理学会常务理事，长沙市机械工程学会常务理事、热处理专业委员会主任等。多次被评为校级先进工作者、优秀共产党员。

任基重教授长期从事金属材料热处理的教学与研究工作，主要担任金属材料、金属学及热处理、钢铁热处理、金属工艺学、金属学等课程的教学，编写了《热处理原理》《热工仪表与高频装置》的教学大纲和实验指导书，组织完成了金相实验室的建设工作。主持完成的中国有色金属工业总公司科研项目"便携式微电脑冷却性能测试仪的研制"通过专家验收并批量生产，参与研制的化学热处理滴量仪获国家专利授权，还承担完成了"新型淬火介质的研制及性能测试"等 10 多项科研课题。发表有《热处理中非稳态传热过程的计算方法》等 20 余篇研究论文。

卜英勇，男，汉族，1944 年出生，安徽芜湖人，1969 年毕业于中南矿冶学院矿山机电专业后留校任教，1977—1979 年在加拿大多伦多大学做访问学者。历任中南矿冶学院助教、讲师，中南工业大学（中南大学）副教授、教授、设备工程与管理研究所所长，1995 年起任博士研究生导师。曾任中南工业大学外事处副处长，人事处副处长、处长，校长助理，南方冶金学院党委副书记等职，享受国务院政府特殊津贴。

卜英勇教授长期从事矿山机械、深海资源采集关键技术及理论和设备工程与管理等领域的教学和科研工作，负责指导了设备工程与管理本科专业的建设和人才培养工作，在计算机辅助设备维修理论及技术方面取得多项成果，承担了多项设备管理和深海资源采集领域的国家和省部级科研项目，获得省部级科技成果奖励 5 项，发表论文 60 余篇，出版《机械优化设计》等专著和教材 4 部。培养博士后 2 人，博士研究生 9 人，硕士研究生 20 多人。

　　何清华，男，汉族，1946 年出生，湖南岳阳人，1983 年中南矿冶学院矿山机械硕士研究生毕业留校任教。历任中南工业大学讲师、副教授、教授、机电工程学院副院长、智能机械研究所所长，中南大学工程装备设计与控制系主任，1998 年起任博士研究生导师。先后兼任科技部高技术中心科技经济专家委员会专家，中国有色金属学会冶金机械学会副主委，中国工程机械学会常务理事，中国工程机械工业协会常务理事，中国有色金属建设协会设计分会理事，民盟湖南省委副主委，全国政协委员，湖南省政协常委。荣获湖南光召科技奖、"紫荆花杯"杰出企业家奖、湖南省科学技术杰出贡献奖、"十一五"国家科技计划执行突出贡献奖等，入选湖南省首批科技领军人才，被授予湖南省"优秀专家"和湖南省"劳动模范"称号，享受国务院政府特殊津贴。

　　何清华教授长期从事液压工程机械、特种机器人、机械电子工程领域的教学与研究工作，对于露天、井下两种现代液压凿岩设备方面进行了系统深入的研究和开发，并出版了专著。在桩工机械、挖掘机械和通用航空的研究与产业化方面取得了突出成绩，其领衔创办的湖南山河智能机械股份有限公司于 2006 年成为上市公司，获得的成果具有鲜明的创造性与实用性，在实现科技成果转化为生产力方面成绩突出。先后承担省部级以上科研项目 20 多项，获得国家科技进步二等奖 1 项、国家发明三等奖 1 项、省部级科技成果奖励 10 多项，国家专利授权 160 余项，出版专著 4 部；发表论文 260 余篇。培养博士研究生 15 人，硕士研究生 40 余人。

　　刘义伦，男，汉族，1955 年出生，江西九江人，1982 年中南矿冶学院冶金机械专业本科毕业后留校任教，1985 年获中南工业大学冶金机械专业硕士学位，1995 年获中南工业大学冶金机械专业博士学位，1989—1990 年、2000—2001 年两次留学德国 Clausthal 工业大学。先后任中南工业大学副教授、教授、冶金机械教研室主任、机械系副主任、研究生处副处长、处长、党委研工部部长、中南大学教务处处长等职，现任中南大学教授、校党委委员、人事处处长等职，1998 年起任博士研究生导师。兼任国家"安全工程"专业教育指导委员会委员，国家"大学生创新性实验计划"专家组专家，教育部"质量工程"等项目评审专家。享受国务院政府特殊津贴。

　　刘义伦教授长期致力于机械工程专业的教学与科研工作，研究领域涉及机械设计与制造、机械状态监测、数值模拟与分析、现代强度等。在冶金机械领域的研究中取得了较大成果，并首创了一种构件疲劳寿命预测理论与方法。获省部级科技成果奖励4项，重大科技成果鉴定1项。获国家级教学成果二等奖2项，省级教学成果奖5项。独著专著1部，主编著作8部，参编著作2部，主编教材1部，发表论文110余篇。培养博士研究生17人，硕士研究生30多人。

谭建平，男，汉族，1963年出生，湖南攸县人，1993年于中南工业大学冶金机械专业研究生毕业获博士学位，2002—2003年为英国Bath大学流体传动与运动控制研究中心高级访问学者，1995年起任中南工业大学教授、机电工程学院院长，现任中南大学教授，1998年起任博士研究生导师。入选"教育部跨世纪人才"，首批"新世纪百千万人才工程国家级人选"。曾任湖南省青年联合会副主席，湖南省机械工程协会副秘书长等职，兼任中国有色压力加工设备学会副理事长，湖南省摩擦学会理事等。享受国务院政府特殊津贴。

谭建平教授主要从事机电液集成控制理论与技术、微型精密机械设计与控制、微型流体机械设计与驱动控制等方向的教学与科研工作。完成了三万吨模锻液压机高精度同步控制系统、快速铸轧板型测控系统等的研究开发。承担并完成国家及省部级重大及面上科研项目10多项，获省部级科技成果奖励12项、中国高等学校科技十大进展1次，获国家发明专利授权14项、实用新型专利授权4项、计算机软件著作权授权9项，发表论文200余篇。培养博士后3人，博士研究生11人，硕士研究生40多人。

毛大恒，男，汉族，1946年出生，湖南道县人，1970年中南矿冶学院毕业后留校任教，历任中南矿冶学院（中南工业大学）助教、讲师、副教授、教授，曾任中南工业大学机电工程学院副院长、院党委书记，中南大学教授、机电工程学院党委书记，教育部"铝合金强流变技术与装备工程研究中心"主任，湖南省铝加工工程技术研究中心副主任，2000年起任博士研究生导师，多次被评为学校先进工作者和优秀共产党员，享受国家特殊津贴。

毛大恒教授长期从事金属材料制备和摩擦润滑方面的教学和科研工作，在金属材料制备和摩擦润滑方面有精深的研究。近年来承担和参加了国家973和863科研项目5项，横向科研项目多项。先后获得多项国家级、部省级科研成果奖励和国家专利授权。其中："铝带坯电磁场铸轧装备与技术"获2002年国家技术发明二等奖，"单辊驱动理论与技术开发"获1985年国家科技进步一等奖,"电磁场铸轧设备与工艺研究"获 2002 年中国高校科技成果一等奖,"金属塑性加工润滑机理研究及系列润滑剂开发与推广"获 1998 年湖南省科技进步一等奖,"巨型精密模锻水压机高技术化与功能升级"获 2005 年教育部科技进步一等奖,"电磁铸轧技术开发及应用"获 1999 年国家有色金属工业局科技进步二等奖,"高性能二硫化钨润滑脂的研制及应用"获 2010 年中国有色金属工业科学技术三等奖,"有色金属塑性加工新型高效系列润滑剂开发"获 1997 年国家教委科技进步三等奖,"1200 铝板轧机高效增益研究"获 1984 年中央侨办科技进步一等奖,"武钢 1700 热连轧机主传动系统研究"获 1980 年冶金部科技成果三等奖。获国家发明专利授权 10 项。在国内外学术刊物上发表学术论文 150多篇。

　　刘少军,男,汉族,1955 年出生,湖南涟源人,1979 年中南矿冶学院矿山机械专业毕业,1986 年获中南工业大学矿山机械专业硕士学位,1992—1994 年及 1996—1997 年在日本名古屋大学以共同研究员和中日联合培养博士生身份攻读博士学位,获工学博士学位,先后任中南工业大学讲师、副教授、教授、机电工程研究所所长、科研处副处长,中南大学学科办主任等职,现任中南大学教授、机电工程系主任、研究生院副院长兼综合办主任,2000 年起任博士研究生导师。2001 年被中国大洋协会聘请为"十五"深海技术发展项目首席科学家,兼任深海矿产资源开发利用技术国家重点实验室副主任,IEEE海洋工程学会会员,国际海底与极地工程学会(ISOPE)会员。

　　刘少军教授长期从事机电工程、液压系统数字控制技术、深海资源开发技术等领域的教学与科研工作,并从事国际海底区域矿产资源开发技术研究及组织工作。2009 年,在国家海洋局的组织下,刘少军教授作为第三、第二主笔分别完成《国际海域总体战略研究》《关于申请国际海底新矿区问题的研究报告》等多份战略研究报告,经国土资源部和外交部、总参等部门讨论审签后上报国务院,得到国家最高领导人的批复,为我国在西南印度洋申请和获得联合国国际海底管理局批准的国际海底上第一块多金属硫化物矿区作出了重要贡献,获得中国大洋协会成立二十周年"突出贡献奖"。7 次被邀请作为 ISOPE 国际海洋采矿研讨会的副主席和分会场主席,作为会议主席先后主持承办了 ISOPE 第 6 届海洋采矿会议,IEEE2009 检测与控制国际学术交流大会,2010、2011ICDMA 国际会议等数次国际会议。主持和参与承担了国家及省部级科研重大及面上项目 10 多项,获国家科技进步二等奖 1 项、省部级科技进步奖 5 项、国家发明专利授权 8 项、实用新型专利授权 2 项。主编和参编教材 3 部,发表学术论文 100 余篇,培养博士后 1人、博士研究生 10 余人、硕士研究生 30 多人。

曾　韬，男，汉族，1945 年出生，湖南汉寿人，1968 年复旦大学数学系毕业，1987 年调入长沙铁道学院，先后任齿轮研究所所长，长沙铁道学院、中南大学教授，校学术委员会委员，2000 年起任博士研究生导师。兼任中国齿轮协会专家委员会委员，全国锥齿轮专业委员会主任委员，长沙市齿轮技术工程中心主任等职。被铁道部授予"有突出贡献中青年专家"称号，享受国务院政府特殊津贴。

曾韬教授长期从事数控螺旋锥齿轮加工装备设计与制造的教学与科研工作，出版了我国第一部《螺旋锥齿轮加工》专著，参编《齿轮手册》（上、下册）。获省部级科技成果奖励 5 项，公开发表学术论文 40 余篇。研发了具有自主知识产权的我国第一条螺旋锥齿轮设计、制造、检验闭环控制生产线，提供了齿轮数字化加工成套技术解决方案，实现了齿轮制造的数字化、网络化和智能化，为我国齿轮数字化精密加工奠定了坚实基础。先后研发成功我国第一代、第二代数控铣齿机和数控磨齿机并实现了产业化，开发的系列螺旋锥齿轮数控铣床和数控磨床，被称为数控机床行业的"六大跨越之一"，使我国成为世界第三个能设计与制造螺旋锥齿轮数控加工装备的国家。2010 年研制成功世界最大数控螺旋锥齿轮铣齿机和磨齿机，打破了长期依赖进口和国外技术封锁的局面。培养研究生 20 多人。

何将三，男，汉族，1946 年出生，江西于都人，1970 年湖南大学机制工艺及设备专业毕业分配在湖南常德七一一机械厂担任技术工作。1977 年调入中南矿冶学院任教后，1978—1979 年在湖南大学进修机制专业课程，1982—1984 年在瑞士联邦苏黎世工业大学进修机床振动。历任中南工业大学助教、讲师、副教授、教授，机制教研室副主任兼实验室主任，机械系副主任兼机械研究所副所长，机电工程教研室主任，机电工程研究所所长等，中南大学教授，2000 年起任博士研究生导师。曾兼任湖南省机械工程学会机械加工学会常务理事，湖南省机制工艺学研究会常务理事，湖南省机械故障诊断学会常务理事，湖南省振动工程学会理事，湖南省食品与包装协会理事等。曾被评为学校教育先进工作者。

何将三教授长期从事机械制造和机电工程的教学与研究工作，为本科生讲授金属工艺学、机制工艺学、测试技术、机械故障诊断、计算机仿真、机械电子学、机电一体化技术与系统等数门课程，为研究生讲授传感器原理设计及应用、计算机集成制造技术、机电一体化技术等课程，出版教材《机械电子学》，参加了专著

《现代设备管理》、译著《HUTTE 工程技术基础手册》的撰写和编译。培养指导博士、硕士研究生 20 余名，承担多次企业技术人员专题学习班的授课任务。主持完成多项教学改革项目研究和多台套实验系统装置研制，为专业建设和实验室建设作出了贡献。承担了"龙门锯床的改造""日本进口精密锯床锯片的研制"等 10 余项科研项目，公开发表《大型风机振动的故障诊断》《关于设备工程与管理专业建设的几点思考》等教学与科研学术论文 40 余篇。

吴运新，男，汉族，1963 年出生，广东兴宁人，1986 年中南工业大学冶金机械专业硕士研究生毕业留校任教，1999 年获比利时蒙斯理工大学博士学位，历任中南工业大学助教、助理研究员、副教授、教授，冶金机械研究所副所长、中南大学机电工程学院院长等，现任中南大学教授，2002 年起任博士研究生导师。兼任中国机械工程学会高级会员，长沙市第十届政协常委等职。入选湖南省高校学科带头人培养对象，教育部新世纪优秀人才，被聘为湖南省"芙蓉学者计划"特聘教授。

吴运新教授长期从事机械结构动力学、机电控制、冶金机械等专业领域的教学与科研工作。目前为本科生和研究生讲授的课程有"机械振动基础""现代设计方法""结构动力学建模理论与技术"等。为主承担或参加了国家 973 项目课题、国家自然科学基金重大（重点）项目、国家 863 重点项目等多项国家科研项目的研究，获国家科技进步二等奖 1 项、中国高校十大科技进展 1 项、省部级科技成果奖励 5 项，国家发明专利授权 7 项，公开发表论文 70 余篇。在结构动力学建模与模型校正方法研究方面，提出了基于准振型的模型校正方程，成果已应用于欧洲 ARIAN5 火箭的 BCS 结构建模。培养博士后 2 人，博士研究生 9 人，硕士研究生 50 余人。

李涵雄，男，1958 年出生，1997 年新西兰奥克兰大学电子系毕业获博士学位，历任总参三部北京技术工作总站工程师，中国国际信托投资公司可行性研究部项目经理，荷兰 Delft 理工大学机械系助理研究员，新西兰奥克兰大学电子系研究工程师，香港（ASM）先进自动器材有限公司高级工程师，香港城市大学制造工程及工程管理系终身教授等，2004 年起任中南大学机械工程学科教授、博士研究生导师。兼任国际期刊 *IEEE Transactions on Systems, Man & Cybernetics - part B* 和 *IEEE Transactions on Industrial Electronics* 副主编。获国家杰出青年基金，被聘为湖南省"芙蓉学者计划"特聘教授、"长江学者"特聘教授,2010 年入选国家"千人计划"。

李涵雄教授主要从事复杂系统的集成设计和控制、智能集成建模与控制、微电子制造工程等领域的教学与研究工作,在相关方向开展了在国际上具有相当影响的独创性研究,建立了系统的模糊 PID 控制理论的设计和应用,提出了复杂制造过程中概率模糊系统的建模与控制,设计出时空模糊系统解决了传统模糊在本质上不能处理时空信息的问题,提出了工业过程中的基于时空分离的智能建模及控制方法,开发出多种鲁棒设计方法提高了系统的设计性能。申请国家发明专利 1 项,实用新型专利 2 项。并在相关领域的顶尖国际期刊发表学术论文(SCI)100 余篇。培养中南大学机械学科博士研究生 2 人,硕士研究生 8 人。

黄明辉,男,汉族,1963 年出生,湖南宁乡人,1988 年中南工业大学硕士研究生毕业后留校任教,2006 年在中南大学获博士学位。先后任中南工业大学(中南大学)讲师、副教授、室主任、冶金机械研究所副所长,教育部强铝合金流变制备技术与装备工程中心副主任,教授、机电工程学院副院长等,现任中南大学教授、机电工程学院院长、轻合金研究院副院长,"十二五"863 计划先进制造技术主题专家组专家,中南大学第二届学术委员会工学部副主任委员,2006 年起任博士研究生导师。兼任中国振动工程学会理事,湖南省机械故障诊断与失效分析学会常务理事,湖南省振动工程学会常务理事,中国振动工程学会振动与噪声控制专业委员会组委委员,中国有色金属学会冶金设备学术委员会副主委,《机械工程学报》董事等。荣获湖南省第二届青年科技奖,入选教育部新世纪优秀人才、新世纪百千万人才工程国家级人选、湖南省科技领军人才,国家创新人才推进计划重点领域创新团队带头人,被聘为"长江学者"特聘教授。

黄明辉教授主要从事金属塑性加工工艺与装备、材料制备技术与装备、机电装备设计与控制等领域的教学与科研工作,在大型构件精密模锻、金属板带材轧制、高强铝合金摩擦搅拌焊接等支撑国家经济发展和国防安全的关键技术领域进行了卓有成效的研究工作,为巨型锻件锻造全过程的精确实现研发了多套技术与装备,全面提升了现有装备的锻造能力和锻件质量;建立了铝合金多元强外场瞬态凝固连续大变形近终成形和组织控制的基本理论,研制了一套新型超常铸轧设备与工艺;研发了超厚装甲板摩擦搅拌焊设备以及专用摩擦搅拌焊焊头,整体技术达到同期国际先进水平。作为专家组成员参与完成了制造业领域国家"十一五"科技规划《振兴我国装备制造业的途径与对策》、国家中长期科技规划课题《制造业所需要的通用机械和重型机械》以及国家自然科学基金委机械学科"十二五"规划等的制定。承担了国家 973、863、国家科技重大专项等国家级科研项目 10 多项，获国家科技进步一、二等奖各 1 项，省部级科技成果奖励 6 项，中国高校十大科技进展 2 项，获国家发明专利授权 10 项，公开发表学术论文 70 多篇。培养研究生 30 多人。

李晓谦，男，汉族，1958 年出生，湖南双峰人，1981 年中南矿冶学院机械工程专业本科毕业后留校任教，1985 年获中南工业大学冶金机械专业硕士学位，2007 年获中南大学机械设计及理论学科博士学位，2006—2007 年在英国 Birmingham 大学做访问学者。先后任中南工业大学助教、副教授，机械设计与制造研究所副所长，冶金机械研究所副所长，中南大学教授、机电工程学院副院长等。现任中南大学教授、机电工程学院党委书记，国家 973 项目首席科学家，教育部材料成型及控制工程专业教学指导委员会委员等，2008 年起任博士研究生导师。兼任中国金属学会冶金设备分委员会委员，中国有色金属学会冶金设备学术委员会压力加工设备专业委员会委员，湖南省机械工程学会机械设计与传动学术委员会副理事长等。

李晓谦教授长期从事冶金机械及材料制备技术与装备的教学与科研工作，在金属连续铸造/连续铸轧过程与装备、材料成形过程计算机仿真、机电传动系统的设计理论与技术集成和现代传热理论及其应用等方面取得了许多研究成果，主要研究成果包括：①发现并探索了超声外场激励下的初生晶共振现象与结晶机理，建立了超声场作用下铝合金凝固过程动力学理论模型；②建立了铝合金电磁场快速铸轧超瞬态传热凝固与连续流变成形基本理论与技术；③发明了多源协同超声波辅助铸造原理与技术，实现了超大规格超强铝合金的工业化铸造。主持国家 973 项目 1 项，承担了国家 973、863 等国家级重大项目及课题 10 余项。获得省部级科技成果一等奖 3 项，中国高校十大科技进展 1 项，获国家发明专利授权 5 项，公开发表学术论文 80 多篇，培养研究生 30 多人。

段吉安，男，汉族，1970 年出生，湖南冷水江人，1996 年西安交通大学研究生毕业获博士学位，1998 年中南工业大学机械工程博士后出站，2005 年在加拿大卡尔加里大学做访问学者。1996 年到中南工业大学（中南大学）先后任副教授、教授，冶金机械研究所副所长，"现代复杂装备设计与极端制造"教育部重点实验室主任等，现任中南大学教授、机电工程学院副院长，中南大学第二届学术委员会工学部委员，高性能复杂制造国家重点实验室主任，国务院学位委员

会第六届学科评议组成员，2004 年起任博士研究生导师。兼任中国机械工程学会微纳米技术分会委员，中国电子学会电子机械分会委员。入选教育部新世纪优秀人才、湖南省"121 人才工程"，教育部创新团队带头人，被聘为"长江学者"特聘教授。

段吉安教授主要从事光电子制造技术与装备、精密运动控制理论与技术等领域的教学与研究工作，曾参加国家中长期科技发展规划《基础科学问题战略研究专题报告》、国家自然科学基金委员会机械学科的《"十一五"发展规划》《"十二五"发展规划》的撰写和研讨。承担了国家 973、863、国家自然科学基金重点项目等国家与省部级科研项目 10 多项，在集成光电子器件封装、光纤器件制造等方面取得多方面成果，研发了阵列波导器件的自动化封装技术与设备。获省部级科技成果一、二等奖 6 项，获国家发明专利授权 10 项，实用新型专利授权 5 项。公开发表学术论文 70 多篇。培养博士研究生 2 人，硕士研究生 30 多人。

帅词俊，男，汉族，1976 年出生，江西奉新人，2002 年中南大学机械设计及理论学科硕士研究生毕业留校任教，2006 年获中南大学机械电子工程学科博士学位，2008—2009 在美国南卡莱那州医科大学的克莱姆森大学与南卡医科大学联合实验室做博士后。先后任中南大学助教、讲师、副教授、教授，2011 年起任博士研究生导师。获全国优秀博士学位论文、国家自然科学基金优秀青年基金，入选教育部新世纪优秀人才，被聘为湖南省"芙蓉学者"特聘教授。

帅词俊教授主要从事光电子制造、激光生物制造的技术与装备等方面的教学与科研工作，承担了"光器件制造与技术""机械设计基础""数字图像处理""机械振动"等课程教学。在研究工作中，提出了光纤玻璃的松弛函数转换算法，建立了光纤器件流变制造全过程的仿真模型，发现阻碍器件光传输性能提高的本质是现有生产装备所提供的流变外场形成的应力不均等造成内部微组织畸变，研制了新型高品质的电阻加热式熔融拉锥机。提出利用激光快速成型工艺制备纳米羟基磷灰石人工骨的新思路，开发了新型的面向人工骨制备的选择性激光烧结机。主持与参与国家自然科学基金、国家 973 计划等项目课题 20 余项，获得省级科技进步奖 2 项，获国家发明专利授权 2 项，申报国家专利 15 项，公开发表学术论文 100 余篇。

2.3 高层次人才及国家人才计划入选者

类　别	学　者(入选时间)
中国工程院院士	钟　掘(1995)
国家千人计划入选者	李涵雄(2010)
长江学者特聘教授	李涵雄(2005)　黄明辉(2009)　段吉安(2012)
国家杰出青年基金获得者	李涵雄(2004)
"973"项目首席科学家	钟　掘(1999)　李晓谦(2009)
国家百千万人才工程	谭建平(2002)　黄明辉(2006)　朱建新(2009)
教育部跨/新世纪人才	谭建平(2003)　段吉安(2004)　黄明辉(2005)　朱建新(2005)　吴运新(2006)　李军辉(2008)　帅词俊(2009)　湛利华(2009)　蔺永诚(2010)　王福亮(2011)　孙小燕(2012)　陆新江(2013)
芙蓉学者特聘教授	李涵雄(2004)　吴运新(2006)　帅词俊(2009)
湖南省科技领军人才	何清华(2007)　黄明辉(2011)

2.4 曾在本学科担任高级职称人员名单

（按姓氏拼音先后顺序排列）

教　授：白玉衡　卜英勇　陈贻伍　高云章　古　可　何将三　何少平
何清华　贺志平　胡昭如　姜文奇　李　坦　李仪钰　李支普
梁镇淞　刘世勋　刘省秋　刘舜尧　卢达志　毛大恒　钱去泰
任基重　宋渭农　孙宝田　王庆祺　夏纪顺　肖　刚　杨襄璧
曾　韬　张智铁　周恩浦　朱泗芳

研究员：蒋建纯

副教授：蔡崇勋　常业飞　陈慕筠　陈南翼　陈学耀　陈泽南　陈泽仁
陈祖元　成日升　程良能　段佩玲　方　仪　冯绍熹　傅星图
黄宪曾　黄竹青　黄俊岳　洪　伟　邝允河　简　祥　李慧君
李瑞莲　李铁钢　李小阳　梁在义　林树鸾　刘　适　刘水华
龙力强　吕志雄　聂昌平　彭海波　齐任贤　饶自勉　任立军

任耀庭　任正凡　宋在仁　唐城堤　唐国民　王果兴　王惟声

吴继锐　吴建南　肖绍芳　肖世刚　谢邦新　许汉兴　颜竞成

易德安　于鸿恕　余慧安　俞春兴　喻　胜　杨文周　张春元

张德木　张梅森　张晓光　郑仲皋　周　昊　周　明　周桂凡

周锦燃　朱　本　朱启超

高级工程师:刘绍君　孙　旭　钟世金

高级实验师:蔡膺泽　董国江　罗家美　罗胜余　吴　波　邓伯禄

杨务滋　余　朋

2.5　机械系(机电系、机电工程学院)历任负责人

表2-1　历任行政负责人一览表

时间	主任(院长)	副主任(副院长)	备注
1958—1966	白玉衡	刘尚威、郑仲皋、吕希勤、王鸿贵、卢达志	1958年成立矿冶机电系
1970—1978	石来马	吕希勤、陈裕葵、郑仲皋	1970年成立机械系
1979.09—1981.06		朱启超(主持工作)、陈裕葵、郑仲皋	
1981.07—1984.08		王庆祺(主持工作)、郑仲皋(—1983)	
1984.09—1986.01	夏纪顺	程良能、钟　掘、季国彦	
1986.02—1991.03	钟　掘	吴建南、何将三	
1991.04—1993.05	钟　掘	张智铁、宋渭农、陈欠根	
1993.06—1995.05	钟　掘	毛大恒、刘义伦(—1994.08)、陈欠根(—1994.08)、陈贻伍(1994.09—)、何清华(1994.09—)	
1995.06—1996.03	钟　掘	陈贻伍、何清华、毛大恒	1995年成立中南工业大学机电工程学院
1996.04—2002.03	谭建平	严宏志、胡均平、夏建芳	
2002.04—2010.08	吴运新	黄明辉、唐进元、黄志辉、王艾伦、李晓谦(—2006.05)、张怀亮(2005.12—)	2002年成立中南大学机电工程学院
2010.09—	黄明辉	王艾伦(—2013.07)、张怀亮、邓华、段吉安、刘德福、湛利华(2012.11—)	

表2-2 历任党组织负责人一览表

时间	总支(党委)书记	党总支(党委)副书记	备注
1959—1966	丁 岩	丁 岩、陈裕葵、张明新、张庆民、杨焕文	
1970—1978	于振宾	李肇云、徐毓才(1978.06—)	
1979.09—1981.03	石来马	赵文业、徐毓才	
1981.04—1984.08		吕希勤(主持工作)、徐毓才	
1984.09—1985.11		刘世勋(主持工作)、徐毓才(—1984.12)、郭金亮(1984.10—)	
1985.12—1996.03	刘世勋	郭金亮	
1996.04—1997.06		毛大恒(主持工作)、周涤非(1996.06—1998.09)	
1997.07—2002.03	毛大恒	周涤非(—1998.09)、李登伶(1998.07—)	
2002.04—2005.11	毛大恒	李登伶	
2005.12—2010.10	李晓谦	李登伶	
2010.11—	李晓谦	李登伶	

2.6 本学科在职高级职称人员名单

教　授：钟　掘　吴运新　黄明辉　段吉安　韩　雷　李晓谦　贺地求
　　　　夏毅敏　李建平　邓圭玲　邓　华　易幼平　唐进元　湛利华
　　　　蔺永诚　帅词俊　李涵雄　黄元春　王福亮　刘少军　谭建平
　　　　谭　青　王恒升　黄志辉　廖　平　陈欠根　严宏志　蒋炳炎
　　　　刘义伦　唐华平　傅志红　刘德福　胡军科　胡均平　吴万荣
　　　　杨忠炯　欧阳鸿武　王艾伦　夏建芳　徐海良　赵先琼　云　忠
　　　　杨放琼　张怀亮

研究员：李新和　李军辉　朱建新　曹中一

成绩优异高工：李　力

副教授：张立华　胡仕成　李群明　孙小燕　胡友旺　周海波　陆新江
　　　　谢敬华　郭淑娟　姚亚夫　禹宏云　刘建湘　邓春萍　张友旺
　　　　王　刚　李　艳　戴　瑜　龚艳玲　谢习华　贺继林　周宏兵

    罗筱英 李 蔚 母福生 张星星 江乐新 李松柏 赵海鸣
    翁 灿 汤晓明 罗春雷 朱桂华 谭冠军 刘厚根 柳 波
    郑志莲 何竞飞 李国顺 邓跃红 申儒林 彭先珍 周 英
    许良琼 陈 斌 欧阳立新 樊广军 徐绍军 汤晓燕 袁望姣
    吴 波 胡 宁 何玉辉

副研究员：周亚军 赵宏强 郭 勇 刘光连 李登伶

高级工程师：黄长清 龚 进 周 立 彭高明 胡爱武

高级实验师：吴 纯 刘介珍 邹利民 李 燕 舒金波

第 3 章　创新平台

3.1　高性能复杂制造国家重点实验室

高性能复杂制造国家重点实验室于 2011 年通过国家科技部批准立项并正式对外开放运行。实验室依托中南大学，以机械工程、材料科学与工程 2 个一级学科国家重点学科，控制理论与控制工程、载运工具运用工程 2 个二级学科国家重点学科为主干，面向国家重大需求和国际学科前沿，针对航空航天、轨道交通、信息产业等领域的战略需求，以材料/构件—工艺—装备多科学原理协同制造为基本学术思想，开展高性能构件复杂制造及其制造装备集成科学的基础研究。实验室拥有一支具有强大创新能力的学术梯队，其中中国工程院院士 1 人、俄罗斯工程院外籍院士 1 人，国家"千人计划"特聘学者 2 人，长江学者特聘教授 7 人，国家"杰出青年基金"获得者 3 人，教育部创新团队 1 个。

高性能复杂制造是国家当前发展的急需，也是支撑国家战略竞争力的基础，是制造领域高难度前沿方向的概称。实验室围绕高性能装备与零件/构件的复杂制造原理与关键技术开展基础研究，为我国自主发展高端装备提供科学基础。主要研究方向包括：（1）复杂机电系统功能创成的集成科学与设计理论；（2）高性能构件的复杂制造；（3）复杂曲面的高精度功能制造；（4）光电传输功能微结构的高性能制造。

近年来，实验室承担国家项目 191 项，其中国家级项目主要有：财政部产业技术跃升计划项目 1 项，国家 973 首席项目 3 项，国家 973 课题 27 项，国家 863 项目 11 项，国家自然科学基金杰出青年基金项目 3 项，国家自然科学基金重点项目 4 项，国家重大科技专项 6 项。出版专著 15 部，获得授权发明专利 143 项，获得国家科技进步一等奖 1 项、国家科技进步二等奖 2 项、国家技术发明二等奖 1 项、省部级一等奖 10 项，全国优秀博士学位论文 1 篇。

3.2　深海矿产资源开发利用技术国家重点实验室

深海矿产资源开发利用技术实验室是依托长沙矿冶研究院，联合中南大学共同建设的国家重点实验室，于 2007 年经国家科技部批准组建，2011 年通过国家科技部验收正式授牌。拥有一支国内一流的深海矿产资源开发利用技术研发的研究队伍，其中正高职称 20 人，副高职称 7 人。

实验室是我国唯一一家深海矿产资源开发利用技术研究的国家级重点实验室，是国内一流的深海矿产资源开发利用技术研发、实验平台。主要开展多金属结核、富钴结壳、多金属硫化物等深海矿产资源从矿物采集破碎、提升输送，到选冶加工等各环节的技术原理研究，虚拟仿真、建模和物理实验研究，关键设备设计、研制及实验，工程技术开发，工程规模放大研究等。

实验室拥有国内一流的深海矿产资源开发利用实验系统，设立了深海矿产资源开发系统技术、深海矿物采集与海底行走技术、深海矿物输运技术、深海作业装备设计与分析技术、深海矿物高效提取和新型加工技术等 5 个研究方向。先后承担了包括国家 973、国家 863、大洋专项、国家科技支撑计划等一批国家重大科研项目，参与了中国大洋协会组织的"国际海底新矿区申请战略研究与工作方案"编写工作，主持编写中国大洋协会的"国际海域矿产资源开采技术发展行动方案"等，获得省部级科技成果奖 1 项，获发明专利 9 项。

3.3 国家高性能铝材与构件工程化创新中心

国家高性能铝材与构件工程化创新中心于 2009 年在国家产业跃升计划项目"高性能铝材工程化研究与创新能力建设"的平台基础上组建，依托我校机械工程和材料科学与工程等国家重点学科，拥有国内一流水平的创新研究团队。

中心以形成新型铝合金基础研究能力、工程化关键技术的研发能力和高性能铝材与整体构件的试制能力。创建高性能铝材体系与关键制备技术，支撑国家中长期战略目标实现为目标。以建立第三代铝合金材料工程化全套技术，解决当前国民经济建设与国家重大工程对铝材的需求；完成第四代铝合金材料的研制与工程化研究，为发展中的高技术产业提供新一代材料支撑；开展第五代铝合金材料应用基础研究和产品原型研发，以为我国战略技术的发展提供材料导引为任务。突破我国高性能铝材"工程化"的瓶颈，创立我国高性能铝合金材料的新体系和全套工程化制备技术，建设集高性能铝合金材料研制—关键制备技术工程化研究—高性能铝材产品试制为一体的研发基地，形成产学研国家团队，建立支撑我国铝合金材料制造产业持续跃升的创新能力平台。

3.4 教育部铝合金强流变技术与装备工程研究中心

铝合金强流变技术与装备工程研究中心于 2001 年由教育部批准组建成立，由我校机电院和材料院的相关资源组成。工程中心拥有专兼职人员 60 多人，其中正高 13 人，副高 35 人。

中心的研究领域涉及材料轧制、铸轧、锻造、挤压、拉拔、快速成型等各类制备工艺技术装备与控制技术，已成为面向我国有色金属流变成形技术与装备的高新技术研发基地、产业化基地和技术创新人才培养基地，形成了自己独有多项理论技术成果、并开发有新的材料制备工艺与成套设备。先后承担了国家级科研项目 100 余项，国际合作项目 5 项，企业合作项目 70 余项等。获得国家级技术发明二等奖 1 项，国家级科技进步二等奖 1 项，部省级一等奖 4 项，二等奖 4 项，获得发明专利 20 项。

中心设有铝合金超常铸轧研究、铝加工润滑技术研究、耐热铝合金喷射沉积研究、超高强铝合金制备研究、摩擦搅拌焊研究、高性能铝板带箔制备室和铝材制备专用成套装备研究等数个研究室。形成了从铝合金的材料制备、流变加工、装备研发、控制技术到质量检测监控的完整技术支持体系，以产、学、研紧密结合的运作模式推进了工程化的进展，同时，通过工程实践和技术创新，培养和锻炼了一批技术创新人才和企业管理人才。

3.5　现代复杂装备设计与极端制造教育部重点实验室

现代复杂装备设计与极端制造教育部重点实验室于 2005 年由教育部批准组建成立，依托我校机械工程国家一级重点学科进行建设，拥有一支 50 余人的高素质研究队伍，其中中国工程院院士 1 人、长江学者 1 人、国家杰出青年基金获得者 1 人、"新世纪百千万人才工程"国家级人选 2 人、"教育部新世纪优秀人才"5 人、教育部创新团队 1 个。

实验室密切结合国家经济与国防建设的重大需求，瞄准学科发展的前沿领域，围绕高性能材料与大构件强场制造原理与装备、复杂曲面数字化制造原理与装备、极端环境作业装备功能原理与系统集成、信息器件精细制造原理与装备、复杂装备设计理论与集成原理等 5 个研究方向开展科学研究。承担和完成了国家级科研项目 70 余项。其中 973 课题 13 项、国家自然科学基金重点项目 2 项、国家自然科学基金重大项目课题 1 项、863 项目 10 多项。获国家科技进步一等奖 1 项、省部级科技进步一、二等级 9 项、教育部高校科技十大进展 1 项，申请和授权发明专利 70 多项。对我国现代复杂装备设计与极端制造领域的研究与发展方向起着重要引领作用，是我国该领域一流的研究基地。

3.6 国家自然科学基金委重大研究计划纳米制造的基础研究联合实验室

国家自然科学基金委重大研究计划纳米制造的基础研究联合实验室于2010年由国家自然科学基金委员会组织国内该领域13个重点实验室(研究所)组建而成,我校现代复杂装备设计与极端制造教育部重点实验室为组建单位之一。

国家自然科学基金委支持的"纳米制造的基础研究"重大研究计划针对纳米精度制造、纳米尺度制造和跨尺度制造中的基础科学问题,探索制造过程中能量、运动与物质结构和性能间的作用机理与转换规律,建立纳米制造理论基础及工艺与装备原理。研究工作往往涉及多个学科及技术领域,需要使用价格昂贵的各类实验设备、软件和专业技能,整合国内纳米制造研究相关的特色实验室资源,形成制度性的开放共享运行机制,可有效支持各项目的研究工作。

联合实验室为网络化、实体方式运行的联盟组织,在软硬件设施、实验技能、实验发现、实验知识等资源方面向国家基金委"纳米制造的基础研究"重大研究计划各类资助项目研究人员开放共享,有效支持该重大研究计划各类资助项目的实验研究工作的动态需求。

3.7 中国有色金属行业机械故障诊断与监测中心

中国有色金属行业机械故障诊断与监测中心成立于1987年,根据中国有色金属工业总公司的要求,主要任务是:①承担有色金属企业关键设备的测试和诊断;②从事有色金属设备测试的研究与开发工作;③负责设备测试与诊断的培训工作,为有色金属企业建立设备测试与诊断的技术队伍,并进行技术指导;④组织设备测试与诊断的经验交流和技术推广;⑤进行横向联系,建立信息网络。

该中心成立以来形成了一支高水平、稳定的学术队伍,在机械设备故障诊断与监测、研究与开发和技术人员培训等方面做了大量工作,为我国有色金属行业关键设备的升级换代作出了重要贡献。承担了100余项国家和企业的纵横向研究课题,其中国家和省部级以上的项目40多项,获得省部级以上科技成果奖励11项。

3.8 中国有色金属行业金属塑性加工摩擦润滑重点实验室

金属塑性加工摩擦润滑重点实验室于1998年成为中国有色金属工业总公司重点实验室,2011年经中国有色金属工业协会认定为第一批中国有色金属行业重点实验室。该重点实验室目前拥有研究人员 9 人，其中教授 4 人，副教授 2 人。

实验室针对现代金属加工对产品质量和生产效率等方面的综合性能要求，长期围绕金属塑性加工过程摩擦润滑机理、金属塑性流动润滑界面动力学、金属塑性加工润滑技术及开发等方向开展基础研究与应用基础研究，取得了一系列有创新的理论研究成果，开发了相应的系列高效工艺润滑剂及配套助剂等产品，在提高产品质量和生产效率、降低生产成本等方面起到了积极的作用，促进了我国有色金属塑性加工工艺润滑技术的进步。在生产中得到广泛应用，获得良好经济效益与社会效益。

3.9　湖南省岩土施工与控制工程技术研究中心

湖南省岩土施工与控制工程技术研究中心由我校学科性公司——湖南山河智能机械股份有限公司，依托中南大学机电工程学院的资源，于 2006 年经湖南省科技厅批准组建。现拥有各类技术人员 47 人，其中副高以上职称人员 13 人，留学归国人员 4 人。

中心充分利用产学研相结合的优势，致力于高端工程装备与控制领域用现代高新技术提升传统产业，在桩工机械、挖掘机械、凿岩设备、工业车辆及现代化物流设计和控制方面开展理论研究。重点在大型桩工机械、小型工程机械、现代凿岩设备等 3 个方向，不断进行系列化和深度开发，提高产品性能，提升国家装备水平。

中心参加制订和修改国家、行业标准 8 项，获得国家专利授权 150 多项，新项目开发 200 多项，实现新产品转化率 90% 以上，为研发成果的快速和有效转化提供了有力保障。通过开展岩土施工装备智能化关键技术的应用基础研究和高新技术研究，不断研制出集液压、微电子及信息技术于一体的智能系统，并广泛应用于岩土施工装备的产品设计之中。

3.10　湖南省铝加工工程技术研究中心

湖南省铝加工工程技术研究中心于 2006 年经湖南省科技厅批准成立，由湖南晟通科技集团有限公司联合中南大学机械工程等学科共同组建。拥有中国工程院院士、享受国家特殊津贴专家等一批各种专业、领域精英组成的研发团队。

中心针对公司生产的高精铝板带箔、高品质工业型材、铸轧卷、铝锭、预焙阳极等主导产品，瞄准新材料、新能源发展方向，开展以改进生产工艺、研制新装备、提高产品质量和开发新产品的研究和成果转化。承担了国家 863 计划等国家、省、部委相关以上的一批科研项目，以及市场急需的数十个技术产品开发项目。在消化吸收国内外新技术和研制新产品上做了大量卓有成效的工作，取得了一系列节能减排、产品升级、市场创新的成果，并迅速转化为生产力，获得了较好的社会经济效益。其中自主研发的"短流程制备高品质铝及铝板带箔"技术、"低硅低铁"铝锭技术、吨铝电耗均达国际先进水平，生产废水实现了零排放，全部循环利用。

3.11　湖南省高效球磨及耐磨材料工程技术研究中心

湖南省高效球磨及耐磨材料工程技术研究中心由我校学科性公司——湖南红宇耐磨新材料股份有限公司依托中南大学国家重点学科优势，于 2011 年经湖南省科技厅批准组建。拥有一支经验丰富、研发能力强的研究队伍。

中心瞄准国际先进水平，致力于最领先的节能耐磨新材料及生产工艺的创新研发，拥有多项自主知识产权和核心技术，开发了一系列高档的耐磨铸件，在行业中具有明显的竞争优势，自主研发的"球磨机台阶形筒体衬板"系列技术，获国家发明专利，并列入了"2011 年度国家重点新产品"；高效磨球与台阶形衬板配套应用整体技术成果被鉴定为国际领先水平，属国内首创，该项技术的应用可使用户的球磨机装球量减少 30%～50%，球磨机产能提高 5%～30%，电耗下降 20%～40%；自主成功研发了具有国际先进水平的金属型自动化造型生产线，并获得多项国家专利。

第 4 章 人才培养

自学科组建以来，共为国家培养了博士后研究人员 50 余名，博士研究生 160 多名，各类硕士研究生 1500 多名，本专科学生 11000 余名。

4.1 硕士、博士和博士后培养

硕士和博士培养详情见表 4 - 1，博士后培养详情见表 4 - 2。

表 4 - 1 机械工程学科专业历年博士和硕士学位授予名单

年份	博士	硕士					
1960		万金荣	王湘玲	张晓光	黄达贤	（研究生班）	
1983		何清华					
1984		刘克夫	唐焕斌	吕 锦			
1985		钟国桢 王志刚	刘义伦	杨勇学	李晓谦	谭 青	李积彬
1986		王艾伦 任保林	刘少军	丁建中	吴运新	肖跃发	王 毅
1987		何竞飞 赵 雄	刘霞光 伍 怡	季 光 冯世海	刘 加 张克南	周顺新 蔡铁隆	李晓明 王立香
1988		张国旺 廖能武 杨益民	雷群安 马 燕 张仕铁	王应生 成焕成 廖义德	肖湘杰 黄晓林 何亚刚	余克芳 李国锋	李范坤 黄明辉
1989		肖 巨 李洛妮 严宏志 骆建彬 关国军	梅 萍 郭淑娟 银金光 夏建芳 吴世忠	易顶清 谭建平 薛 祥 胡均平	陈家新 谢永宏 杨建思 石宏骏	杨建思 蒋孝德 郭体鸣 蒋炳炎	李 光 尹 凌 刘 坚 李 斌

续表 4 – 1

年份	博士	硕士					
1990	杨勇学	龚　进	彭　琚	朱建新	徐绍军	李卫红	谭援强
		黄　强	刘排秧	喻曙光			
1991	李积彬	伍凡光	张立华	石绍清	刘　红	贺超武	彭顺彪
		肖　健	郑志莲	曾洪茂	李庆丰		
1992	张永祥　肖湘杰	周　鹏	乐起胜	贾玉双	赵积玉	宋　坚	李　力
		高宇清	黄嶙谷	黄　辉	彭先珍	张平华	曹昊翔
		钱水保	叶子明	吴光宇	李金旺	何忆斌	
1993	谭建平	徐海良	朱祥舰	杨永波	张义海	胡　敏	吴万荣
		周京金	龚姚腾	母福生	潘晓涛	郭　勇	刘晓波
		何亚强	郭海波	张辉斌	安景旺	刘志超	刘传绍
		易幼平					
1994	严宏志	夏毅敏	张　浩	何　伟	赵宏强	苏　红	曾广钧
		潘建军	张志强	罗松保			
1995	廖建勇　刘义伦	查晨阳	蒋俊文	潘昭武	熊勇刚	王林丰	李可平
		卓志红	罗春雷	王文明	龙卫平	邓跃红	贾人献
		樊广军					
1996	胡均平　周　鹏　李世煊　谭　青　刘德顺　徐禾芳	杨　平言　坚	梁　涛吴乐成	丁问司侯　宾	龚艳玲	周安明	曹建平
1997	陈安华　刘少军	张　可	张　璋	陈　杰	陈　实	朱志华	吴　凡
		李子萌	谢国勇	辛业薇	周宏兵	谌　江	刘哲辉
		曾克俭					
1998	赵宏强　黄伟九	曾桂英	李　宏	陈德华	肖文锋	杨胜培	邓宏翔
		秦雅琴	周海军	姚　伟			
1999	吴万荣　罗松保　陈　杰　谭援强	王蔚娟	何　超	张白冰	李　艳	刘智明	夏　铮
		臧铁钢	朱晓华	张芙蓉	舒　滢	尹中荣	王天虹
		刘　勇	李玉声	李庆春	薛　云	张　宏	刘光连
		刘　忠	向　勇	张朝阳	朱梅生	张志勇	黎　靓
		虞仲龙	徐晓晖	胡仕成	李毅锋		
2000	张　新	方　向	叶云友	梁　薇	丁祥海	姜　勇	喻　亮
		李新春	钱宇强	刘　昊	贺湘宇	陈志盛	李　磊
		黄玮泽					

续表 4 - 1

年份	博士	硕士					
2001	杨国平　丁问司　谭怀亮 刘晓波　高　志	康志成 缪　欣 于凤银 李　旸 彭宏伟 郭军华 袁英才	周厚明 湛利华 黄步玉 赵耀强 刘　欧 马健哲 施　林	王　刚 黄志开 张　材 梁广涛 雷　鸣 王克岳	朱仲琦 陈兴强 吴　波 彭　军 邹恒华 肖友刚	汤晓燕 袁文辉 李　岸 徐东喜 朱辉剑 贺淑云	涂亚鸣 王红志 曾益昆 袁　春 吴立民 胡　秋
2002	刘　忠　胡志刚　梁　涛 刘　勇	赵先琼 曹　俊 魏　刚 杨　庄	胡志明 邹湘伏 胡文东 杨吉华	阳小燕 周鹏展 黎　峰	陈　新 邱显燚 滑广军	吕江柱 邓益善 李建强	黄志雄 何海军 吴吉平
2003	周友行　廖　平　贺尚红 邱长军　郭观七　李　光 李力争　李学军　朱萍玉	黄中华 温勇明 郭华伟 杨琛盛 陈　平 程　颖 张舒原 袁望姣	胡建华 欧阳金龙 谢　坚 张亦军 赵振宇 刘　伟 廖　凯 徐泽华	仇　勇 叶南海 黄素平 徐建华 顾　跃 郭春明 肖永山	毛　艳 许静静 王万静 杨　超 王建华 饶大可 蒋　欣	陈大舵 黄　昕 张希林 黄　锴 黄建雄 陈黎明 陶功安	董晓倩 匡付华 段湘安 王　全 钟　勇 罗柏文 王　卫
2004	李旭宇　贺建军　徐海良 何学文　傅戈雁　肖友刚 王艾伦　张　璋　易幼平 王桥医	陈　阳 张云湘 尤胜利 宋子辉 南亦民 黄秀祥 唐永辉 杨俊华 曾　斌 杨明富 傅可明 关淑玲 张海涛	袁碧华 王　麟 雷　亮 周　理 段　凯 熊　文 周新衡 姚天富 徐　平 陈悦忠 徐　伟 廖春蓝 刘　甦	周伟华 王同洲 卢伟岸 吴　烨 赵延明 秦衡峰 纪云锋 严信平 唐朝阳 刘章荣 温朝晖 王凌辉 叶晓洪	唐俊龙 曾晨阳 周立宏 张舞杰 姜　俊 龚海飞 殷盛福 董建国 崔　保 卢建新 林　峰 张　榕 黄雪峰	吴伟辉 徐　昱 李文炜 龙江志 范素香 李　兵 张　红 周志红 钟向文 杜天柏 陈和平 薛光明	何志强 杨国庆 邱云松 王　静 王震宇 周长江 宋红光 罗凌辉 朱腊梅 魏长流 邓家龙 陈毅章

续表 4 – 1

年份	博士	硕士					
2005	张材　彭成章　丁智平 黄良沛　罗春雷　秦宣云 胡仕成　湛利华　郭有贵	杨锋力 杨成云 黄神富 郑益华 向本祥 唐鼎 郭运涛 刘惠玲 王清标 杨兴清 刘琳琳 易子馗	陈建伟 陈国栋 杨安全 莫江涛 郭磊 邓年生 施圣贤 唐蒲华 冯旭树 范学文 金燕 蔡国华	李浩宇 王政 张静 张迁 谢磊 王广斌 李俊 李清明 王伟 张公明 邱海灵 侯玲珑	陆新江 张志平 刘兴农 陈书涵 尹俊峰 敖世奇 吴晓健 王静文 罗筱英 何炎权 魏会文	王炯 刘亚 曾松盛 邱佰平 田强 彭全凡 罗飞霞 舒霞云 赵培杰 杨相稳 夏益民	刘美林 唐永正 宁崴 孙恒 许焰 阳昶 刘良敏 彭早生 许浩 蔡丹 苗健宇
2006	周鹏展　朱浩　黄中华 周贤　帅词俊　黄明辉 夏毅敏　龚中良　倪正顺 王恒升　周俊峰　徐先懂 张大庆	何永强 杨锋 符荣华 郝志东 罗晶晶 吕文利 马治国 常毅华 耿菲 周宏权 胡鹏 陈丽芬 刘慧玲 谢红清 王会星 王永华 张际强 李有荣 李科生 宋东葵 张铁军 易定忠 李延伟 陈林	任凤跃 尹松夺 黄立 邓增君 邹月灿 颜建华 尹珊波 赵娟 傅杰 周宏慧 罗建华 赵崇友 钟定清 马强 戴瑜 符林 苗润田 何学科 宁丽霞 陈孝龙 黄彬 高训兵 陈晖	樊艳花 马波 彭娅清 戴中华 李爱强 潘鑫 唐青云 余振 崔会喜 唐勇 贺光军 肖鹏 于晓伟 李晓丽 帅文 黄伟 徐继付 崔保兴 王永华 孙东洪 杨成林 李章平 闫红涛	韩庆珏 王龙 龚天军 夏立斌 龙赛琼 黎鑫溢 张祁莉 郭堃 吴靓 郭陵松 翁灿 邹兴龙 闫炳雷 朱汉松 刘艳萍 唐军 孙晓亚 张荣涛 黄文进 赵珂 胡传华 李宗勇 苏勇	霍军亚 李毅波 吴任和 易念恩 付伟华 曾芸 谢喜春 李士会 宋杰 赵世富 汤迎红 李晓光 全江琳 邱寿昆 郭瑞霞 刘德阳 刘伟阳 崔天同 倪必红 苑建英 帅希士 罗红萍 黄运明	曹锋 许文虎 王玲芳 张利 杨新清 周亮 陈家斌 董建民 李渊博 聂朝辉 赵晓涛 熊清华 左鹏 梁建章 谭祖香 耿军晓 胡小舟 谢晓宇 苏卫民 肖志兵 韩庆波 杨积慧 杨丰

续表 4-1

年份	博士	硕士					
2007	王文明　李晓谦　云　忠 俸　颢　王福亮　隆志力 杨忠炯　柳　波　邓习树 黄　昕　黄长征　周　英 胡忠举	刘　军 杨　洪 蒋凯平 张　洁 龚　寄 宋爱军 广明安 刘巧红 汤美林 胡火焰 鲁湖斌 谢乐添 陈保新 江培发 罗　斌 李小红 禹　丹 马鹏超	关敬波 陈金涛 李永胜 万　梁 李怀福 宋跃辉 刘　波 梁建玲 黄安涛 蒋丛华 陈勇平 邹　丽 俞天兰 赵红伟 崔　静 张启军 何　攀 陈明礼	王纪婵 龙杰强 张合明 张小桥 何成申 高荣芝 李乐奇 肖志军 陈奎宇 沈龙江 刘　欣 王　宇 谭立新 江　荧 马慧坤 邢义忠 朱　明	李善德 王俊杰 邹中升 闵四宗 李宝童 罗永顺 王华东 胡爱武 高双锋 李天富 吴国锐 唐运军 王先安 袁东来 石　岩 高兴中 向阳辉	刘光华 刘　丹 洪　元 舒　畅 高志雄 刘哲明 张西伟 翟晓巍 彭　灿 邓　航 李　丹 陈思雨 许韵武 周　科 杨辅强 于　洋 郭雄文	杜　磊 胡昌良 程度旺 肖俏伟 姚灿阳 聂四军 赵红伟 王素芳 陈　坤 韩　玮 王宗宽 曾立平 张瑞亭 孙启超 陈　峰 陈　勇 景传峰
2008	申儒林　罗柏文　肖永山 龙东平　向　勇　郝　鹏 贺湘宇　刘德福　张怀亮 李军辉　阳小燕　熊勇刚 朱建新　张小平	聂双双 杨岳锋 涂书柏 严勇文 刘金标 程　宝 齐　斌 朱　伶 周　超 杨　矗 张德胜 肖富英 周敏华 张园园 胡桂涛	贺茂坤 赖雄鸣 刘荣光 段建辉 马维策 丁国红 屈　圭 徐大鹏 周　明 冯　广 杨海军 何平良 刘　云 史天亮 易　昕	张　超 李丽敏 彭伟波 赵　辉 翁　伟 李东辉 江　朋 尹平伟 庞　浩 孟　莹 蔡纯杰 魏学锋 秦克利 吴士旭 吕　雷	鲁志佩 周　铁 蒋日鹏 公衍军 张学文 王长春 肖爱武 高　斌 黄天喜 李　斌 聂荣光 章圣聪 周　勇 陈俊林 彭红军	刘江丽 刘　侃 段智勇 李炳华 付　欣 刘　洋 陈应杰 戴　进 李　硕 冀　谦 王　弦 黄　斌 沈华龙 张银生 杨　军	骆　拓 李美香 李　强 王晓崇 刘彦伟 郭嘉博 王　猷 黄云飞 尹中保 曾智灵 梅勇兵 骆　舟 李素娥 张丽娜 李登伶

续表 4－1

年份	博士	硕士
2009	陈书涵 李艳 王刚 龙东平 周凯红 谢习华 周旭	夏勇 徐平安 喻飞 肖剡军 邹春来 叶水祥 王亚军 刘云龙 曹兴强 文跃兵 张立志 唐云岗 王致坚 张震 赵近谊 刘金书 任小增 周红平 王军泉 陈正杰 刘永磊 伍利群 胡世恩 张振兴 唐崇茂 颜祯 刘厚根 聂拓 赵厚继 周木荣 谢嵩岳 张涛 李金莲 陈旭 彭南华 许勇 李琳 易达云 宋明龙 刘松柏 沈平 胡永清 张晓明 付明志 黄始全 赵晓海 王炎 楼静 杨波 李雄 孙东坡 陈艳 梁世伟 林丹 吴钰 唐鹏飞 谢恩华 黄毅 陈平 杨程旭 暨智勇 李雅娟 刘涛 吴永宏 王伯长 高丹 严东兵 胡魁贤 张灵 顾俊 肖将 李友元 周良 曹康 李小飞 杜晋 宁子超 廖熙淘 陈维涛 袁文君 熊亭 胡雄伟 倪佳 袁燕萍 杜斌 叶鹏飞 申文静 王勇刚 朱晓东 李磊 李志鹏 廖菲 薛洋 蓝才红 李抗 楚纯朋 谢武装 申瑞霞 蒋海华 董小金 杨栋 武秀媛 刘杰中 葛玉柱 刘炜 刘广 克瑞思 王传金 武伟 谢彦 吴冬华 于水琴 陈金全 周艳 肖云平 伊飞 李胜 陈庄庄 黄利辉 孙栓辉 文传顺 苏基协
2010	明兴祖 王志永 何玉辉 赵先琼 时彧 戴瑜 石琛 段小刚 杨勃 李战慧 吴鸿云 杨放琼 廖凯 吴波 许焰 王广斌 蒋玲莉 周海波 赵萍	周玉军 段俊 文新海 刘新良 张亚楠 过新华 刘少华 彭勇 彭宏道 闫鹏飞 毛勇 刘钊 邓强泉 黄惠繁 葛志旗 黄飞 陈鹤梅 龙清 张峥明 刘佰昂 杨培邦 高晓毅 郭俊康 贾逢博 曾凤艳 张玉勋 卢元申 李祺 胡宇铎 李云 王涛 郝长千 化世阳 姜永正 薛静 杜磊 周喜温 匡洋 章彩云 文灏 张魁 汤晓勇 戴能云 潘竞香 杨远平 刘明 朱联邦 王北战 聂现伟 陈铭 杨大伟 赵世琏 丁争荣 邓丽娜 陈瑞涛 吴昊 石文君 李开晔 袁继栋 邹培海 丁征宇 张敏 李罡 双志 曾琦 吴永红 屈科辉 谭青 梁米 赵喻明 刘江明 冯雨萌 刘志坚 李抗 叶玉全 张平 黄剑飞 刘自由 刘瑶 唐彪 陈闻 刘伟 胡建良 刘振 翟瞻宇 李楠楠 滕韬 余军 罗前星 张雪 陈卿 李健 谢世冠 徐洲龙 冷志坚 柏友运 刘伟涛 刘超 刘学 蒋佳利 周立 曾建成 李婷 杨加玲 仇灵 邢彬 邹红光 蒲太平 罗维 雷国伟 夏罗生 龙云泽 张家富 聂金安 李候清 彭方进 高旭光 衡保利 戎毅仁 杨勤 丁曲 柳青 陈丽伟 彭玉凤 张延松 罗斌 王世怀 孙彦 邹益来 罗新俊 尹江华 段汉波 李琴 张祥 刘勇

续表 4－1

年份	博士	硕士					
2011	胡小舟　胡　琼　文泽军 康煜华　龚　海　赖雄鸣 袁英才　康辉梅　戴巨川 史春雪　陈明松　李松柏	贺　浩　宁林波　万正喜　申爱玲　邵高建　廖国防 夏晨希　王少辉　周　刚　李江波　邓文卫　涂　星 王芳芳　吴道辉　甘建伟　管付如　翁武钊　刘　韬 周现奇　刘海阳　何　巨　宋光伟　邓清方　陈　炜 徐　圆　张　总　阳凌霄　张　灿　朱利君　赵冠中 王志富　韩德夫　曾　凯　胡建冰　郭宁平　孙　欣 朱　伟　陆江斌　谢纪东　黄　杰　李齐文　乔家平 南江鹏　邹长辉　黎正华　胡智勇　张　明　余　星 许显华　钟　杰　彭志勇　陈桂芳　陈　津　曾　晶 王瑞山　龚　俊　欧阳涛　娄丙民　罗德志　杨　柳 杜三成　李　进　刘　锋　李　辉　危丹锋　邹砚湖 张秋阳　雷少敏　易　文　董　志　田　科　汪海斌 袁　理　陈金波　陈　辉　李　林　张　勇　孙勃海 潘　云　吴　凯　张朝锋　杨　兵　杨丽新　何明生 李生朋　黄新磊　贺暑俊　王晶晶　李　剑　李　硕 胡层良　罗　宁　李恒斌　周友中　李常峰　唐省名 李代兵　王金羽　李　巍　康新库　陈盛钊　龚金利 赵　聪　刘恒拓　邓　锐　刘石梅　秦庆华　祝忠彦 胡香平　杨新泉　周　游　王艳芬　南现伟　王智泉 马昌训　陈　嫦　王　帅　罗才旺　王光宇　周　炜 胡永会　刘　革　李　松　金　浩　王祁波　丁艳宝 熊兴波　陈远益　郭　艳　陈　栋　陈海锋　吴双斌 王石林　冯利花　陈智洪　胡江平　陈玲萍　谭明敏 张晓建　刘明涛　邢留涛　时圣鹏　刘指先　廖　伟 董　方　汪辉辉　李　俊　王　凯　曹旭辉　汪辉辉 王　虎　严国政　王艳丽　刘卓文　毕红霞　周　灿 谢燕琴　贺建超　赵耐丽　刘金波　关文芳　石文泽					

续表 4－1

年份	博士	硕士				
2012	周育才　唐宏宾　郭　勇 张　耿　李流军　蒋　勉 陈思雨　廖力达　蒋　蘋 刘忠伟　张舒原　郑　煜 陈　晖　刘光连	陈　磊　姜洪锋 刘燕平　汪　建 仇风神　张刚强 陈　春　陈鼎欣 严岳胜　陈兴明 张世伟　钟志宏 刘艳平　徐少华 刘昌发　张士军 张振华　崔　莹 曾晓锋　吴雨欣 吴　晟　刘　质 司玉校　肖芳其 温荣耀　吕　丹 李新明　周　胜 龚黎军　邱庆军 黄　飞　郭金成 王从权　代向歌 龙　辉　吴海龙 向　闯　熊劲华 张玉柱　吴程晨 吴伟传　刘武波 赵　鑫　王昌平 方晓瑜　李赛白 李铁辉　刘　蕾 石美华　刘文华 刘志勇　刘文倩 陈　正　陈　波 范家庆　崔燕青 肖开政　冯　敏	孔德功 何小龙 覃经文 王　琪 朱　彪 陈小敏 陈铖彬 龙运栋 刘　明 吴　智 朱李斌 蒋婷婷 涂开武 胡　威 罗新桃 刘　超 陈庆杰 石　芬 刘瑞国 丁　吉 周乾刚 袁　政 刘　鹏 陶　轩 李　享 郝前华 曾亦愚 李文倩 张栋梁	胡谦谦 谭斯格 彭建红 郭东柱 王海勇 张　猛 何霞辉 吴　峰 李许岗 丁睿明 王国庆 李　辉 徐孜军 邹兆鹏 廖　竞 来佳峰 王乙生 黄　胜 梁箭武 王　浩 刘成沛 任继良 梁　靖 李齐飞 马邦科 曹智超 李光磊 瞿田华	李炎光 赵文龙 王卫卫 田晶晶 高成德 程　峰 向　康 何　利 涂江涛 王仁全 全凌云 陈庆广 卢　翔 金　凯 王　哲 吕丹丹 林良程 李　帅 王　鹤 钟锡继 周创辉 陈艳军 刘学良 亢文祥 王　虎 刘均益 邓　岭 夏雨驰	刘晓宏 易雪雄 方晓南 林学杰 胡　凡 李志鹏 曾立帮 陆文龙 姚启萍 邓方平 王明峰 王立杰 瞿吉利 侯文潭 李　凯 刘朝峰 韩　龙 肖国柱 梁向京 高　宇 黄亚光 舒敏飞 张国浩 陈纪军 王艳丽 李　俊 方立志 刘生奇

续表 4-1

年份	博士	硕士					
2013	黄宁阳 波 徐震 李毅波 任耀庆 黄文静 黄始全 滑广军 谭军 孙振起 王宪 刘云龙 曾谊晖	张彪	刘阳	赵苏琨	扶宗礼	李益华	许志杰
		吴中怀	王晓燕	杨家旺	郑蕾	吴正辉	银恺
		向继文	王文祝	鞠增业	邓静	林森	赖瑞林
		叶绍勇	肖琼	吴元	胡兴怀	顾健健	林赍觊
		卞章括	唐亮	胡建明	罗海东	杨厚忠	陈琳
		赵博	杨飞	秦清源	代伟	黄湘龙	尹凤
		徐虎明	张燕	邸拴虎	雷敦财	陈启会	焦付军
		郑永锋	徐建军	田明华	李杰	沈文奇	丁毅
		刘正华	刘灵刚	邓路华	冯佩	聂毅	范登科
		阳康	李滔	朱弘源	陈星	杨慧栋	付涛
		左金玉	谭璐	徐涛	杨斌	舒招强	陈玲
		姚建雄	李变红	朱逸	卢子敏	谢木生	罗涛
		施亮林	程鑫鑫	李屹罡	张正	潘珏承	蔡玉鑫
		黄振兴	杨添任	朱俊霖	刘复平	肖华	管伟
		李百儒	熊博	张龙凯	左杰	强维博	文国臣
		陈有	高珊	宋军	饶水冰	张龙赐	谭武中
		龙尚斌	陈中原	马鑫	刘小超	谭永青	吕斌
		陈玉辉	梅明	栗慧	杨鹏	翟辰辰	李雅瑾
		庄静宇	洪余久	曹飞	蒋艳红	刘真兵	袁晓亮
		陈清	龚国芹	汤万文	侯占勇	王子坡	张政华
		刘坤	代建龙	李亮红	谢海军	范增辉	张宜
		宋长春	邱团辉	李成佳	陈杰	黄礼坤	王前进
		邹伟	肖雷	袁坚	邹佰文	胡彩云	秦玉彬
		祝孟鹏	聂广	祝建明	苏斌	李辉	单鹏飞
		廖东日	胥晓	黄红波	姚秀超	李大勇	朱震寰
		莫少武	戴欢	刘驰	李平	黄小青	肖雄辉
		熊宏志	凌以健	王亚辉	殷建坤	刘芳华	黄澂
		敖方源	徐超	刘大帅	刘建发	牛杰	王鹏
		秦华生	吴云峰	吴桐	郭程熙	刘操	张强
		郭强华	龚理	段晓威	夏凡	蒋涛	刘亚东
		杨福新	朱充				

表4-2 机械工程学科专业历年博士后研究人员名单

进站时间	博士后
1993	谭建平
1994	严宏志
1996	胡均平　吴首民
1997	段吉安
1998	蔡敢为
2000	何　云
2001	周科平　傅志红
2002	雷正保　吴万荣
2003	贺尚红　赖旭芝　周知进　罗松保
2004	赵运才　陈志国
2005	肖于德　邹伟生　刘永红
2006	黄中华　罗春雷
2007	蔺永诚
2008	康志成　周俊峰　邓习树
2009	胡少虬
2010	鲁立君　胡仕成　杨　胜　何　浩　金　耀　龚志辉　叶凌英
2011	李　生　刘　忠　康辉民　刘景琳　陈幸开
2012	丁　雷　廖　俊　沈龙江　赵党军　向建化　廖金军
2013	刘圣军　彭文飞　陈　辉　陈宇翔　李　兵　陈　卓

4.2　部分杰出校友代表[*]

李圣怡，1946 年 4 月出生。1963—1968 年在中南矿冶学院矿山机电专业学习，在校期间曾任第十二、十三届校学生会副主席，1968—1978 年在辽宁鞍山钢铁公司任机电技术员和助理工程师，1981 年在浙江大学科学仪器系研究生毕业，1988 年和 1994 年美国哥伦比亚大学和美国伦塞勒尔理工学院高级访问学者。

李圣怡教授曾任国防科技大学机电工程与自动化学院院长，总装备部先进制造专业组专家，湖南省政协委员等，2001年被授予专业技术少将军衔，现任博士生导师，国家有突出贡献的中青年专家，中国微米纳米技术学会常务理事，中国机械工程学会生产工程学会精密工程委员会主任，《机械工程学报》编委会委员等。

李圣怡教授主要从事超精密工程的教学与科研工作。以他为学术带头人的国防科大精密工程创新团队，以纳米精度和微纳米尺度制造为核心的研究方向，在单点金刚石车、铣等超精密加工及机床；磁流变、离子束和 CCOS 先进非球光学镜可控柔体加工装备与工艺；基于硅光刻的微机电系统（MEMS）制造与应用；超精密光、机、电测控技术等方面的基础研究取得很多成绩，在国内外都具有很好的学术影响和地位。他的创新团队是湖南省优秀创新团队，也是国内同行公认有重要的影响的优秀学术团队之一。

李圣怡教授先后承担 20 余项重大科研项目的研究，曾任国家 2 项 973 项目技术首席专家和两项 02 重大专项的技术项目负责人。成果获国家发明奖 2 项，部委级科技进步一、二等奖 10 余项，国家专利 50 余项，出版学术专著 8 部，培养硕士、博士研究生近百人。

蔡国强，男，1951 年 1 月出生，广东东莞人，1971 年加入中国共产党，1973 年 8 月—1976 年 8 月在中南矿冶学院冶金机械专业学习，任学生党支部书记。毕业后曾在广东惠阳地区轧钢厂、广东惠阳地区冶金局、惠阳有色金属公司、中国有色金属工业深圳联合公司、深圳金粤铝制品有限公司、深圳中金实业股份有限公司等单位工作，曾任深圳市中金岭南有色金属股份有限公司副总经理、纪委书记、工会主席。现任中南

---

* 按校友在本学科毕业时间排序。

大学校友总会常务理事、深圳校友会会长。曾荣获全国五一劳动奖章，深圳市优秀经理（厂长），深圳市先进生产（工作）者，广东省职工先进生产（工作）者，深圳市优秀共产党员，深圳市十大杰出青年企业家等称号。

刘克夫 1955 年 6 月出生，山东肥城人，1975 年毕业于桂林电子机械高等专科学校，1978—1984 年在中南矿冶学院冶金机械专业攻读学士和硕士学位，1984—1988 年在中南工业大学机械系担任讲师，1988—1992 年在加拿大哈利法克斯的新斯科舍大学攻读机械制造博士学位，1993—1995 年在哈利法克斯的玛丽大学担任助理教授，1995—1998 年在哈利法克斯的达尔豪西大学担任助理教授，1998 年至今一直在加拿大桑德贝市的莱克黑特大学机械制造工程系工作，2005 年成为莱克黑特大学机械系终身教授，2010 年被聘为中南大学兼职教授。主要从事机械振动、主动振动控制、系统识别、机械电子方面的研究，在国际期刊发表论文 40 余篇。

李科明，男，汉族，1956 年 10 月出生于湖南新化，湖南隆回人，中共党员。现任长沙经济技术开发区党工委副书记、管委会主任。长沙市第十届政协常委，长沙市第十一届党代会代表、市委委员。

1974 年参加工作，1981 年 12 月中南矿冶学院矿山机械专业本科毕业，先后担任中南矿冶学院机械系助教，长沙市中山商业大厦党委副书记、副经理，中共浏阳市委副书记、市长，长沙市发展和改革委员会党委书记、主任，长沙市纪委副书记、市监察局局长、市政府党组成员等职。

李凤轶，男，1956 年 6 月生，汉族，湖南安化人，中共党员，成绩优异高级工程师。1981 年 12 月中南矿冶学院冶金机械专业本科毕业，历任西南铝业（集团）有限责任公司技术员、工程师、生产厂厂长、副总经理等职，2007 年 4 月至 2010 年 7 月，担任中国铝业公司铝加工部总经理，现任西南铝业（集团）有限责任公司总经理。

长期从事铝加工生产、技术和管理工作，在行业中具有较高知名度，荣获 2008 年度国家科技进步一等奖，享受国务院政府特殊津贴。主持实施我国第一条铝板带热连轧生产线和冷连轧生产线建设，以及西南铝多项重大技术改造项目，使西南铝成为我国生产规模最大，技术装备最先进，品种规格最齐全的综合性特大型铝加工企业，为我国航天航空、国防军工、交通运输、包装、印刷行业的发展作出了重要贡献。

　　邹树梁，男，1956 年 5 月生，湖南醴陵人，中共党员，博士，教授，博士生导师，英国剑桥大学访问学者、英国格拉摩根大学名誉教授。1975 年参加工作，1982 年 8 月中南矿冶学院机械设计与制造专业本科毕业，分配至中南工学院任教，现任南华大学党委书记、核工业第六研究所所长、"核设施安全管理与可靠性分析技术"国防科技创新团队学术带头人、"核设施应急安全技术与装备"省重点实验室学术带头人，"核能经济与管理"省社科重点研究基地首席专家，南华大学一级学科博士点"安全科学与工程"学科带头人，湖南省重点学科"管理科学与工程"学科带头人。主要社会兼职：国家原子能机构国际合作委员会委员、中国核仪器行业协会副理事长、中国核工业教育学会副理事长、中国核能行业协会理事、中国安全科学与工程学会理事、国防科技工业军工文化首席专家、湖南省人民政府学位委员会委员、湖南省人民政府科学技术奖励评审委员会委员、湖南省科学技术协会常务理事、湖南省机械工程学会副理事长。享受国务院政府特殊津贴。

　　长期从事机械设计、核设施退役治理、核能产业发展战略与管理等方面的教学和科研工作。先后主持国家和省部级科研项目课题 30 余项。获省部科技成果奖三等奖 1 项、湖南省社科成果奖二等奖 1 项、湖南省教学成果奖一等奖 1 项、二等奖 2 项；先后发表学术论文 60 余篇，著（编）专著、教材 6 部，获国家专利 4 项。

　　曾获"全国优秀教师""全国工人先锋号"学科带头人、"中国核工业总公司有突出贡献中青年专家""湖南省教育系统劳动模范""湖南省国防科技工业系统优秀科技工作者""湖南省国防科技工业科技创新先进个人"等荣誉称号。

　　罗亚军，男，汉族，1959 年 8 月出生，湖南宁乡人，民建成员，工学硕士，机械工程师。现任湖南省科技厅副厅长，湖南省十一届政协常委。

　　1975 年 12 月参加工作，1982 年 7 月中南矿冶学院机械设计与制造专业本科毕业后，先后在湖南省二轻工业学校和娄底地区机械局工作。1985 年 8 月—1988 年 6 月在武汉钢铁学院攻读硕士学位，研究生毕业后，先后任娄底地区经委干部，湖南省国际信托投资公司投资部投资管理科长、深圳分公司办公室主任，国信华中铝轮公司副总经理，湖南省专利管理局实施处、办公室干部，国家知识产权局长沙专利代办处副处长，2002 年 9 月—2003 年 3 月参加湖南省第二期中青年领导干部出访美国培训班，醴陵市人民政府副市长，湖南省知识产权局副局长等职。

黄新亮，男，汉族，1963 年 3 月出生，湖南宁乡人，中共党员，管理学博士。现任湖南省科学技术厅党组成员、省产业技术协同创新研究院专职副院长。

1982 年 8 月中南矿冶学院矿山机械专业本科毕业后，先后任原核工业部 716 矿机动科助理工程师，长沙市职工大学团委书记、讲师，湖南省科委开发处、计划处干部，湖南省科委综合计划处副处长（1997 年 9 月—1999 年 12 月在职攻读湖南大学国际商学院工商管理 MBA 专业硕士研究生），湖南省科技厅政策法规与体制改革处处长（2002 年 8 月—2002 年 11 月参加共青团中央组织赴美国公共行政管理培训），湖南省科技厅发展计划处处长（2001 年 9 月—2007 年 7 月在职攻读湖南大学管理科学与工程博士研究生；2006 年 2 月—2006 年 7 月参加省委党校第 30 期中青班培训），湖南省科技厅副厅级干部，湖南省科学技术厅党组成员、省高新技术产业发展领导小组办公室主任（副厅级）等职。

卫华诚，男，1959 年 12 月出生，内蒙古人，中共党员，高级工程师、高级政工师，管理学博士、清华大学 MBA。1982 年中南矿冶学院冶金机械专业本科毕业后，在钢铁行业中从事设计、经营、管理等多种岗位工作。1997 年被任命为首钢总公司副总经理。2000 年担任北京市工业委员会副书记。2002—2011 年任北京医药集团有限责任公司党委书记、董事长。2012 年任华润医药集团有限公司党委副书记、副总经理。2012 年至今任北京汽车集团有限公司党委常委、副董事长，北京通用航空有限公司副董事长。

所担任的社会兼职：华中科技大学兼职教授，中国人民大学客座教授，国家"653 工程"客座教授，北京第十二届人民代表大会代表，北京市工业经济联合会、北京企业协会副会长，中国企业联合会、中国企业家协会理事会常务理事，中国医药企业管理协会副会长，中国医药物资协会会长。

获得的学术成果和奖励：2006 年《以战略重组为契机　以治理结构为保障 推进北药集团科学发展》荣获北京市企业管理现代化创新成果二等奖，2007 年《战略管理创新引领北药集团科学发展》荣获北京市企业管理现代化创新成果一等奖。

曾被评为："中国 2005 年管理 100 人""2006 年北京优秀创业企业家""2007年全国优秀创业企业家""2009 年度最受关注企业家""2005—2009 年度全国医药行业思想文化建设特殊贡献奖""2011 年度中国星光董事局优秀董事长"。

吴世忠，男，汉族，1964 年 1 月出生，湖南常宁人，工学硕士学位，研究员级高级工程师。现为湖南水口山有色金属集团有限公司董事长、总经理，第十二届全国人大代表。

1983 年中南矿冶学院冶金机械专业本科毕业，分配到水口山矿务局工作。1986—1988 年在中南工业大学机械工程研究生班学习，1989 年获工学硕士学位。历任水口山矿务局技术员、副科长、科长、副厂长、处长、厂长等职。2004 年任水口山集团公司党委副书记、水口山有色金属有限责任公司总经理；2009 年任水口山集团公司党委书记、总经理，2012 年任水口山集团公司董事长、总经理。

吴世忠任现职以来，经营业绩屡创新高，百年老矿再展新姿，2012 年公司实现营业收入 70 亿元，实现利税 3.1 亿元，经营规模居全省有色行业第二位，纳税额居衡阳市第一位。善谋发展，抢抓机遇，争取中国五矿超过 50 亿元的大规模投资，其中投资 30 亿元的金铜综合回收产业升级项目已于近期正式开工。

周振宇，男，汉族，1970 年 1 月出生，湖南省邵阳县人，中共党员。现任湖南省益阳市人民政府副市长。

1991 年中南工业大学矿山机械专业本科毕业参加工作，任长沙有色冶金设计研究院助理工程师，1994—2011 年，历任湖南省纪委副主任科员、主任科员，湖南省纪委副处级纪检员、监察员，湖南省纪委办公厅正处长级秘书，长沙市芙蓉区委副书记，沅江市委副书记、市长，益阳市资阳区委书记。

现任湖南省益阳市人民政府副市长，负责公安、司法行政、武警、国安、交通、信访、金融、证券、保险、外事、对外联络、经济协作等方面工作。

刘德顺，男，1962 年出生，湖南湘潭人，中共党员，博士，教授，博士研究生导师。1985 年参加工作，1996 年在中南工业大学矿山机械专业获工学博士学位，2004—2005 年度美国 University of Missouri - Rolla 访问学者。现任湖南科技大学党委副书记、校长，湖南省普通高等学校学科带头人，湖南省"121 人才工程"第一层次入选者，煤炭行业技术拔尖人才，中国机械工程学会高级会员，湖南省机械工程学会副理事长，湖南省仪器仪表学会理事长，中国机械动力学学会副理事长，《煤炭学报》编委，《机械工程学报》编委。享受国务院政府特殊津贴。

　　主要从事机械动力学与设计理论、矿山装备先进设计与制造、液压传动与控制、计算机辅助设计与制造等领域的教学与研究。先后承担和完成国家973计划、863计划、国家自然科学基金等各类科研项目课题30余项，公开发表论文100余篇，被SCI，EI，ISTP收录40余篇次，出版专著、文集5部。获得国家和省部级科技成果奖励5项、湖南省教学成果奖2项，获得国家授权专利3项，1999年获湖南省第二届青年科技奖。

　　陈安华，男，1963年出生，湖南祁东人，九三学社社员，工学博士，教授。1997年在中南工业大学冶金机械专业获工学博士学位。现任湖南科技大学副校长，湖南省政协常务委员、湘潭市政协副主席，九三学社湖南省委常委、湘潭市委主委。湖南省机械设备健康维护重点实验室主任，湖南省高校学科带头人，中国振动工程学会故障诊断分会常务理事。

　　主要从事机械动力学、机械状态监测与故障诊断、非线性振动等领域的教学和科研工作。发表论文80余篇，其中被EI、SCI、ISTP（光盘版）收录30余篇。出版专著2部，参编教材3部。获省部级科技成果奖5项，获国家发明专利3项、实用新型专利2项。

　　黄伟九，男，1969年出生，湖南长沙人，中共党员，工学博士，教授，博士生导师。1994年9月参加工作，1998年在中南大学机电工程学院冶金机械专业获工学博士学位，2000年10月在后勤工程学院化学工程与技术博士后流动站完成博士后研究工作，曾在英国Strathclyde大学留学，现任重庆理工大学副校长。新世纪百千万人才工程国家级人选，教育部新世纪优秀人才资助计划和教育部优秀青年教师资助计划人选，重庆市首批学术技术带头人，重庆市首批高校优秀中青年骨干教师，重庆市"322"人才计划第二层次人选，重庆市首批有突出贡献的中青年专家。兼任中国材料研究学会青年委员会理事、中国摩擦学会青年委员会理事、四川省摩擦学及表面工程学会理事，重庆市材料学会理事。

　　主要从事功能材料、材料摩擦学，涂层和薄膜制备，精细化学品制备等领域的教学与研究工作。承担和完成各类科研课题20余项，公开发表学术论文150余篇，被三大检索收录72篇，出版教材1部。获国家授权发明专利1项、实用新型专利2项，获省部级科技成果奖励9项（其中一等奖4项）。应邀担任美国、英国等4个杂志（*Tribology Letters*、*Wear* 等）审稿人。

第 5 章　科学研究

　　据不完全统计，本学科先后承担了 200 余项国家级科研项目、150 多项省部级科研项目、700 多项横向合作科研项目。共获得国家级科技成果奖 11 项、省部级科技成果奖 119 项、国家发明专利授权 132 项、实用新型及外形设计专利授权 224 项。2000 年以来公开发表被 SCI 检索论文 576 篇，获得国家级及省部级教学成果奖 27 项。

5.1　国家级科技成果奖励

表 5-1　国家级科技成果奖励情况汇总表

序号	年份	成果名称	获奖名称与级别	获奖人（排名）
1	1964	超平面投影法及图解 n 元线性方程	国家科委成果公布	梁再义
2	1985	轧机变相单辊驱动技术及其开发	国家科技进步一等奖	古可、钟掘、徐茂岚(6)、陈开平(7)
3	1989	全液压凿岩技术优化设计及其装置	国家技术发明三等奖	杨襄璧、杨务滋、何清华、陈泽南
4	1989	铁路隧道小断面全液压凿岩钻车(附配套集成阀)	国家科技进步三等奖	陈泽南(2)、杨襄璧(3)、杨务滋(4)
5	1991	软铝加工新工艺新设备(连续挤压)的研究	国家科技进步三等奖	孙宝田(5)
6	1995	双机架铝热轧现代改造和新技术开发	国家科技进步二等奖	钟掘(7)
7	1996	高性能特薄铝板	国家科技进步二等奖	钟掘(8)
8	2002	铝带坯电磁铸轧装备与技术	国家技术发明二等奖	钟掘、毛大恒、赵啸林(6)
9	2003	高性能液压静力压桩机的研制及其产业化	国家科技进步二等奖	何清华、朱建新、郭勇、陈欠根、龚进、吴万荣(7)、龚艳玲(9)、周宏兵(10)

续表 5 – 1

序号	年份	成果名称	获奖名称与级别	获奖人(排名)
10	2005	巨型精密模锻水压机高技术化与功能升级	国家科技进步二等奖	黄明辉、吴运新、谭建平(4)、刘少军(6)、周俊峰(7)、张友旺(8)、张材(9)
11	2007	铝资源高效利用与高性能铝材制备的理论与技术	国家科技进步一等奖	钟掘、黄明辉(14)

5.2 省部级科技成果奖励

表 5 – 2 省部级科技成果奖励情况汇总表

序号	年份	成果名称	获奖名称与级别	获奖人(排名)
1	1978	台车支臂液压自动平行机构的研究	湖南省科学大会奖	矿山机械教研室
2	1978	新型铝箔轧机单辊驱动的研究	湖南省科学大会奖	冶金机械教研室
3	1978	内燃机废气净化催化剂的研究	湖南省科学大会奖	机械系热工实验室
4	1978	ND2 型内燃机车转速表速度表试验台	湖南省科学大会奖	机械系
5	1980	铝箔轧机单辊驱动的机理研究	湖南省科技成果一等奖	古可、钟掘
6	1980	辊式磨粉机负载特性及动力传递规律测试研究	陕西省科技成果一等奖	古可、钟掘、徐茂岚
7	1980	武钢 1700 热连轧机主传动系统测试研究	冶金部科技成果三等奖	古可、钟掘、张明达等
8	1980	40 马力、20 马力低污染内燃机车	湖南省科技成果二等奖	机械原理教研室
9	1980	硬质合金不重磨刀片周边磨床的研制	湖南省科技成果四等奖	姜文奇、余慧安、简国民
10	1980	提高油隔离活塞泵寿命	湖南省科技成果四等奖	胡昭如(3)

续表 5 - 2

序号	年份	成果名称	获奖名称与级别	获奖人（排名）
11	1981	CGJ - 2Y 型全液压凿岩台车	湖南省科技成果三等奖	杨襄璧、陈泽南、宋在仁
12	1981	FM 型机动绞磨机研制	湖南省科技成果三等奖	古可、徐茂岚
13	1984	1200 铝板轧机高效增益的研究	中央侨办科技成果一等奖	古可、钟掘
14	1984	2MMB7125 精密半自动周边磨床	中国有色金属工业总公司科技成果三等奖	姜文奇、宋渭农、简国民、周振华
15	1984	耐磨新材料 MTCr15MnW 铸铁的研制	华中电力局科技成果二等奖	钱去泰、任立军
16	1984	高铬铸铁热处理新工艺研究	华中电力局科技成果二等奖	钱去泰、任立军
17	1986	SGD - 320/18.5 型刮板输送机	湖南省科技进步四等奖	高云章(3)
18	1986	均匀磁场烧结法及烧结炉	全国发明展览会银奖	张达明等
19	1987	YYG - 90A 型液压凿岩机	中国有色金属工业总公司科技进步二等奖	杨襄璧、杨务滋、何清华、齐任贤、夏纪顺等
20	1987	均匀磁场烧结硬质合金技术	中国有色金属工业总公司科技进步二等奖	张达明等
21	1987	（HS）牌 ϕ48 热固齿柱齿钎头	湖南省科技进步三等奖	余慧安、陈学耀、黄宪曾、卢达志
22	1987	钨渣代钼抗磨新材料	湖南省科技进步三等奖	任立军(3)
23	1988	九号模锻新工艺（含润滑剂）	中国有色金属工业总公司科技进步一等奖	朱本(8)、高爱华(9)
24	1988	QSG - 2836 格子型球磨机	中国有色金属工业总公司科技进步一等奖	周恩浦等
25	1988	铁路隧道半断面全液压凿岩台车	铁道部科技进步二等奖	陈泽南(2)、杨襄璧(3)、杨务滋(4)
26	1988	CGJS - 2YB 型铁路隧道半断面全液压凿岩台车	中国有色金属工业总公司科技进步二等奖	陈泽南、杨襄璧、杨务滋、刘顺成

续表 5 - 2

序号	年份	成果名称	获奖名称与级别	获奖人（排名）
27	1988	YYG - JF 型液压凿岩机集成控制阀	中国有色金属工业总公司科技进步四等奖	杨务滋、杨襄璧、陈泽南
28	1989	CS492Q 型汽车发动机配气机构改进设计	湖南省科技进步三等奖年湖南省教委科技进步二等奖	李坦、梁镇淞(3)、邓伯禄(5)
29	1989	CGJ25 - 2Y 型中深全液压掘进钻车	中国有色金属工业总公司科技进步二等奖	杨务滋、杨襄璧、何清华
30	1989	MTCr15Mn2W 高铬铸铁砂泵耐磨件的研制	中国有色金属工业总公司科技进步二等奖	钱去泰等
31	1989	铁路隧道小断面全液压凿岩钻车(附配套集成阀)	铁道部科技进步二等奖	陈泽南(2)、杨襄璧(3)、杨务滋(4)
32	1990	软铝加工新工艺新设备的研究	中国有色金属工业总公司科技进步一等奖	孙宝田(5)
33	1990	予剪机列精确剪切系统	中国有色金属工业总公司科技进步二等奖	钟掘(1)、陈欠根(4)
34	1990	ϕ1500 mm 龙门锯床改造	中国有色金属工业总公司科技进步三等奖	姜文奇(1)、段佩玲(4)、贺地求(6)
35	1990	单轨平巷中深孔掘进工艺技术研究	中国有色金属工业总公司科技进步三等奖	机械系
36	1992	KQD - 100G 多功能潜孔钻车	中国有色金属工业总公司科技进步三等奖	刘绍君(2)
37	1992	700 初轧机测试与分析	湖南省科技进步四等奖	钟掘、吴运新、周顺新(5)
38	1993	2800 毫米双机架热轧新技术开发	中国有色金属工业总公司科技进步一等奖	钟掘(7)
39	1993	液压落锤式碎石机	中国有色金属工业总公司科技进步二等奖	何清华、朱建新、杨襄璧、陈泽南、胡均平(7)、夏纪顺(8)、杨务滋(9)
40	1993	KmTBCr18Mn2W 抗磨白口铸铁	中国有色金属工业总公司科技进步三等奖	任立军、胡昭如、刘舜尧(4)、陈学耀(5)
41	1993	PE250 × 400B 复摆颚式破碎机	广西壮族自治区新产品成果三等奖	周恩浦等

续表 5 – 2

序号	年份	成果名称	获奖名称与级别	获奖人（排名）
42	1993	煤棒成套设备	湖南省科技进步三等奖	李建平等
43	1994	CS – 1 双臂工业机器人研制及铍铜合金生产过程机构自动化	中国有色金属工业总公司科技进步二等奖	李坦等
44	1994	铝板带箔轧制及铜管棒拉伸系列高效润滑剂研制	湖南省科技进步二等奖	王淀佐、钟掘、谭建平、毛大恒、严宏志、肖刚
45	1995	高性能特薄铝板开发	中国有色金属工业总公司科技进步一等奖	钟掘(6)
46	1995	300 MN 水压机功能评估与增压改造工程研究与应用	中国有色金属工业总公司科技进步二等奖	钟掘、周顺新(3)、吴运新(4)、谭建平(6)、杨平(8)、刘光连(9)
47	1995	EFC 系列光电测距仪频率校准仪	中国有色金属工业总公司科技进步三等奖	简祥(3)
48	1995	多挡液压凿岩机 CAD 系统	中国有色金属工业总公司科技进步三等奖	杨襄璧、胡均平(3)、杨务滋(4)、罗春雷(5)
49	1995	计算机辅助设备维修管理	中国有色金属工业总公司科技进步三等奖	卜英勇、张怀亮(3)、谭冠军(5)
50	1995	角轧工艺开发与理论研究	中国有色金属工业总公司科技进步三等奖	钟掘(6)
51	1995	PH – 250 × 400 回转式破碎机	湖南省科技进步三等奖	张智铁、刘省秋、蔡膺泽
52	1995	铝带热轧板形、板凸度控制技术开发	湖南省科技进步一等奖	钟掘、周顺新、黄明辉(4)、李世烜(6)、刘光连(7)、杨平(9)
53	1996	ZQF 型系列自动倾翻装卸料球磨机	湖南省科技进步三等奖	刘绍君(2)
54	1996	大型矿山设备维修及物质管理信息系统	中国有色金属工业总公司科技进步二等奖	卜英勇(1)、张怀亮(5)
55	1996	矿用大型设备轴承磨损系统控制理论与应用	中国有色金属工业总公司科技进步二等奖	蒋建纯、李国锋、成日升(4)

续表 5 - 2

序号	年份	成果名称	获奖名称与级别	获奖人(排名)
56	1996	工程构件疲劳寿命预测线图性	中国有色金属工业总公司科技进步三等奖	刘义伦(1)、黄明辉(4)
57	1996	YS - 50A 型液压碎石机的研制	中国有色金属工业总公司科技进步四等奖	何清华(1)、朱建新(3)、郭勇(5)
58	1996	有色金属塑性加工新型高效系列润滑剂开发	国家教委科技进步三等奖(丙)	钟掘、谭建平、毛大恒、严宏志、肖刚、李丽、黄伟九、谭援强、向勇
59	1997	高效节能静力沉桩机	湖南省科技进步二等奖	何清华、朱建新、郭勇、胡均平、陈泽南
60	1997	55 kN 齿轮减速机电机	湖南省科技进步四等奖	李建平等
61	1998	特大型露天铜矿矿山综合开采技术的研究与应用	国家有色金属工业局科技进步一等奖	卜英勇、张怀亮等
62	1998	岩石冲击加载合理波形与冲击活塞动态反演设计	国家有色金属工业局科技进步三等奖	杨襄璧(4)、胡均平(6)
63	1998	金川铜镍矿闪速浮选工业试验	国家有色金属工业局科技进步三等奖	何清华(5)
64	1998	100 MN 多向模锻水压机运行操作与保护系统的研制	国家有色金属工业局科技进步三等奖	黄明辉、谭建平(3)、刘少军(5)、郭淑娟(7)
65	1998	井下深孔大直径全液压高风压潜孔钻机研究	国家有色金属工业局科技进步三等奖	杨襄璧、胡均平、吴万荣(4)、罗春雷(6)
66	1998	金属塑性加工润滑机理研究与系列润滑剂开发与推广	湖南省科技进步一等奖	钟掘、谭建平、毛大恒、严宏志、肖刚、李丽、黄伟九、谭援强、郑锋
67	1998	新型滑动轴承研制	湖南省科技进步四等奖	肖刚(2)、周顺新(4)
68	1998	JFD 电提前高能无触点点火系	浙江省科技进步优秀奖	姚亚夫(2)
69	1999	电磁铸轧技术开发及应用	国家有色金属工业局技术发明二等奖	钟掘、毛大恒、赵啸林(6)
70	1999	《有色金属冶炼设备》专著	国家有色金属工业局科技进步二等奖	程良能(2)、肖世刚(7)、陈贻伍(8)

续表 5－2

序号	年份	成果名称	获奖名称与级别	获奖人（排名）
71	1999	大型矿山采矿场计算机集成管理与生产信息系统	国家有色金属工业局科技进步三等奖	卜英勇、张怀亮(3)、梁广涛(5)、刘勇(7)
72	2001	300 MN 模锻水压机同步控制系统	中国有色金属工业科技进步一等奖	谭建平、黄明辉(3)、张友旺(5)、刘昊(7)、周俊峰(9)、张材(11)、贺地求(12)、易幼平(13)、赵啸林(14)、云忠(15)
73	2001	金属粉末注射成形理论与应用	中国有色金属工业科技进步一等奖	蒋炳炎(10)
74	2002	铝合金超常铸轧技术与设备	中国高等学校十大科技进展	钟掘、李晓谦、黄明辉、毛大恒、肖刚、谭建平、贺地求、吴运新、张立华、刘少军、李新和、段吉安
75	2002	电磁场铸轧设备与工艺研究	中国高等学校科技发明一等奖	钟掘、毛大恒、赵啸林(6)、陈欠根(10)、严珩志(14)、张友旺(16)、李范坤(17)、贺地求(18)
76	2002	多功能静力压桩机	湖南省科技进步一等奖	何清华、朱建新、郭勇、龚进、陈欠根、吴万荣(7)、龚艳玲(9)、周宏兵(10)、黄志雄(11)、邓伯禄(12)
77	2002	JKB300－51 型扣压剥皮机组	湖南省科技进步三等奖	杨务滋、周立强、刘顺成(5)
78	2002	集成型多回转窑表面温度与壁厚红外在线监测系统	中国有色金属工业科技进步二等奖	严宏志、廖平、王刚(4)、易幼平(6)、刘少军(8)、段吉安（11）、吴运新(12)
79	2002	大型铝冶炼联合企业现代集成制造系统(PGL－CIMS)	中国有色金属科工业技进步二等奖	卜英勇(12)
80	2003	回转窑运行状态分析与监测	湖南省科技进步二等奖	刘义伦、赵先琼(6)

续表 5 - 2

序号	年份	成果名称	获奖名称与级别	获奖人(排名)
81	2004	巨型精密模锻水压机高技术化与功能升级	教育部提名国家科学技术奖科技进步一等奖	黄明辉、吴运新、谭建平(4)、刘少军(6)、周俊峰(7)、张友旺(8)、张材(9)、毛大恒(11)、赵啸林(12)、易幼平(13)、李建平(14)、郭淑娟(15)、李晓谦(16)、段吉安(17)
82	2004	YK2045 数控螺旋锥齿轮磨齿机	中国机械工业科技进步二等奖	曾韬、刘建湘、吕传贵、唐进元等
83	2004	高速开关阀控车辆主动悬架系统及控制方法研究	湖南省科技进步三等奖	刘少军、郭淑娟、李艳、黄中华、王刚、夏毅敏
84	2004	坦克射击基础练习数字化训练系统	军队科技进步三等奖	卢建新、刘少军、廖平(4)、王刚(6)
85	2004	铬锰钨抗磨铸铁磨球的研制及工业生产技术和应用	中国有色金属工业科学技术三等奖	任立军(2)
86	2005	铝合金铸轧新技术与设备研制	湖南省科技进步一等奖	钟掘、李晓谦(3)、黄明辉(5)
87	2005	铝合金超常铸轧技术与设备	教育部提名国家科学技术奖技术发明一等奖	李晓谦、黄明辉(3)、毛大恒(5)、肖刚(6)、谭建平(7)、李新和(8)、邓圭玲(9)、胡仕成等
88	2006	中国铝业升级的重大创新技术与基础理论	中国高等学校十大科技进展	钟掘、黄明辉(6)
89	2006	一体化液压潜孔钻机	湖南省科技进步一等奖	何清华、陈欠根、赵宏强、郭勇(5)、邹湘伏(6)、朱建新(7)、黄志雄(8)、谢习华(9)
90	2006	全数控螺旋锥齿轮磨齿机系列化产品的研究与制造	湖南省科技进步一等奖	曾韬、刘建湘(3)
91	2006	300 MN 模锻水压机生产线改造	中国有色金属工业科学技术一等奖	谭建平(2)、周俊峰(6)、黄长征(7)、徐先懂(8)

续表 5－2

序号	年份	成果名称	获奖名称与级别	获奖人（排名）
92	2006	斜拉桥拉索风雨振机理与振动控制技术研究	湖南省科技进步一等奖	黄志辉（10）
93	2006	大型多支承回转窑健康维护理论与技术	高等学校科学技术奖科技进步二等奖	刘义伦、赵先琼（3）、何玉辉（6）、袁英才（9）
94	2006	铝薄板高精度板凸度在线装置研制及应用	中国有色金属工业科学技术二等奖	谭建平、周俊峰、张材（4）、云忠（6）、徐先懂（8）、黄长征（9）
95	2006	高强度装甲铝合金厚板焊接技术	国防科学技术二等奖	贺地求（6）
96	2007	模糊控制的理论研究及应用	湖南省科技进步二等奖	李涵雄
97	2007	熔锥型光纤器件的流变成形机理、规律与技术研究	湖南省科技进步二等奖	段吉安、帅词俊、廖平、刘景琳
98	2007	1＋4 铝热连轧板厚板凸度建模与控制技术	湖南省科技进步三等奖	邓华、黄长清（2）
99	2007	智能模糊 PID 控制的研究	教育部高等学校自然科学二等奖	李涵雄、邓华
100	2008	超声键合机理、规律与技术研究	湖南省科技进步一等奖	李军辉、韩雷、王福亮、隆志力、蔺永诚
101	2008	轻合金热变形行为、挤压加工关键技术及在工程中的应用	湖南省科技进步二等奖	黄长清（5）
102	2009	125 MN 挤压机数字化智能控制系统	中国有色金属工业科学技术一等奖	谭建平（2）、周俊峰（6）、严宏志（9）、陈晖（11）
103	2009	高性能二硫化钨润滑脂的研制及应用	中国有色金属工业科学技术三等奖	毛大恒、俸颢（3）、毛向辉（4）、毛艳（5）、石琛（6）、熊文（7）、孙晓亚（8）
104	2010	SF33900 型 220t 电动轮自卸车	中国机械工业科技进步一等奖	唐华平（12）、王艾伦（13）
105	2011	高性能旋挖钻机关键技术及产业化	湖南省科技进步一等奖	何清华、朱建新（2）、郭勇（3）、龚进（4）、黄志雄（5）、谢习华（9）、邹湘伏（10）

续表 5 - 2

序号	年份	成果名称	获奖名称与级别	获奖人（排名）
106	2011	SF33900 型 220 t 电动轮自卸车研制及产业	湖南省科技进步一等奖	罗春雷(4)、唐华平(5)
107	2011	高性能电池用新型铅基合金材料及高效铸型技术	湖南省科技进步三等奖	严宏志(2)、廖平(5)、彭高明(8)、韩奉林(10)
108	2011	煤矿液压驱动架空乘人装置的研发与应用	湖南省科技进步三等奖	胡军科(2)、杨四新(5)
109	2011	大型液压机状态监测及故障预警技术研究与应用	中国有色金属工业科学技术一等奖	谭建平、陈晖(4)、周俊峰(5)
110	2011	SF33900 型 220 t 电动轮自卸车	国家能源科技进步一等奖	唐华平（12）、王艾伦（13）
111	2011	自动液压箱梁模板成套设备	湖南省科技进步二等奖	胡仕成(3)
112	2012	复合式土压平衡盾构设备研制及其应用	湖南省科技进步一等奖	夏毅敏(2)
113	2012	高精度反扭成绳双捻机	湖北省科技进步一等奖	谭建平(3)
114	2012	复杂难采地下残留矿体开采关键技术	中国有色金属工业科学技术二等奖	卜英勇(7)
115	2012	H2000C/G 数控螺旋锥齿轮铣/磨齿机	黑龙江省科技进步二等奖	曾韬、刘建湘(5)
116	2013	智能挖掘机关键技术及应用	湖南省科技进步一等奖	何清华、郭勇(4)、陈欠根(9)、谢习华(10)
117	2013	阵列波导器件封装工艺与装备	湖南省技术发明二等奖	段吉安、郑煜(2)、邓圭玲(3)、廖平(4)、周剑英(5)
118	2013	光器件高效传输的制备机理与技术	教育部高等学校科学研究优秀成果自然科学二等奖	帅词俊、段吉安(2)、刘景琳(3)、刘德福(4)、高成德(5)
119	2013	可自动调平的液压静力压桩机	湖南省科技进步三等奖	胡均平、张怀亮(2)、王琴(5)、徐绍军(6)

5.3 省部级及以上教学成果奖励

表 5-3 省部级及以上教改成果（含其他）奖励情况汇总表

序号	年份	成果名称	获奖名称/等级	获奖人
1	1985	机械原理零件实物教材及实物实验室建设	中国有色金属工业总公司教改成果特等奖	机械原理零件实验室
2	1987	研究生培养模式改革实践	中国有色金属工业总公司教改成果一等奖	古可、钟掘
3	1989	机械原理及机械零件课程教学内容、方法改革的探索与实践	国家级优秀教学成果奖	梁镇淞、周明、吕志雄
4	1990	研究生智能结构新模式改革实践	湖南省教学成果三等奖	古可、钟掘
5	1996	《机械工程材料》	中国有色金属工业总公司优秀教材二等奖	胡昭如等
6	1997	《金工》课程的建设与改革	湖南省高等教育省级教学成果二等奖	胡昭如等
7	1997	成人学历教育教学计划的研究与实践	湖南省高等教育省级教学成果二等奖	余慧安(2)、刘舜尧(4)
8	1997	画法几何及机械制图试题库系统	全国高等工业学校"第二届工科优秀 CAI 软件"三等奖	卜英勇等
9	1999	《画法几何及机械制图》	湖南省教委进步二等奖	朱泗芳(2)
10	2001	建设一流实践基地，培养工程实践能力与创新精神——现代工业制造技术训练的研究与实践	湖南省教学成果二等奖	刘舜尧等
11	2001	提高博士研究生创造能力的培养模式研究	湖南省高等教育省级教学成果三等奖	刘义伦等
12	2001	机电综合实验系统配套建设与实践	湖南省高等教育省级教学成果三等奖	黄志辉等
13	2002	基于整合并校优势的研究生跨越式发展战略研究	湖南省高等教育省级教学成果一等奖	刘义伦(3)
14	2002	工程硕士校企促动培养模式	湖南省高等教育省级教学成果二等奖	刘义伦等

续表 5 - 3

序号	年份	成果名称	获奖名称/等级	获奖人
15	2002	工程制图与机械基础系列课程教学内容与课程体系改革与实践	湖南省"九五"教育科学研究课题优秀成果二等奖	何少平等
16	2002	《机械创新设计》	全国普通高校优秀教材二等奖	唐进元(3)
17	2004	研究生创新教育体系的构建与实施	湖南省高等教育省级教学成果三等奖	刘义伦(3)
18	2006	信息学科研究生创新能力及国际化培养的研究与实践	湖南省高等教育省级教学成果二等奖	刘义伦(2)
19	2007	工程制图	湖南省精品课程	朱泗芳
21	2009	熔锥型光纤器件的流变形成机理、规律与技术研究	全国优秀博士学位论文	帅词俊
22	2009	基于大学生创新性实验计划的创新人才培养研究与实践	国家级教学成果二等奖	刘义伦(2)
23	2009	研究生思想政治教育实施主体和载体的新探索	国家级教学成果二等奖	刘义伦(8)
24	2009	大材料学科研究性学习和创新能力培养的研究与实践	湖南省高等教育省级教学成果二等奖	刘义伦等
25	2009	适应国际化要求,提升工科人才工程素质的拓展性培养	湖南省高等教育省级教学成果二等奖	王艾伦等
26	2009	机械设计制造及其自动化	国家级特色本科专业	
27	2009	机械制造工程训练	国家精品课程	刘舜尧
28	2010	理工科本科学生实践与创新能力培养模式的探索与实践	湖南省高等教育省级教学成果一等奖	王艾伦(4)
29	2010	机械设计基础	国家精品课程	王艾伦
30	2011	基于模型的鲁棒设计及其与控制的集成研究	上银优博优秀奖	陆新江
31	2013	基于创新大赛的机械工程创新创业人才培养	湖南省高等教育省级教学成果三等奖	王艾伦等

5.4 国家发明专利授权

表5-4　国家发明专利授权情况汇总表

序号	发明名称	专利号	发明人	授权时间
1	一种基于机器视觉平面摆动的摆心测试方法	ZL201110382185.3	谭建平　王　宪　文跃兵	2013-12-18
2	同轴型光收发器件自动耦合焊接封装机械装置	ZL201110192578.8	段吉安　郑　煜　赵文龙　陆文龙　邓圭玲	2013-12-11
3	用于微流控芯片制造的旋转多工位注射成型模具	ZL201010542571.X	蒋炳炎　陈　闻　周　洲　章孝兵	2013-12-04
4	一种铝箔坯料热处理工艺	ZL201210240930.5	黄元春　朱弘源　肖政兵　刘　宇　杜志勇	2013-11-13
5	一种多频同时驱动式的超声发生器及其实现方法	ZL201110194283.4	王福亮　邹长辉　韩　雷	2013-10-23
6	噪声环境下激光束中心高效精确检测方法	ZL201210052980.0	谭建平　王　宪　全凌云　文跃兵	2013-10-23
7	一种可编程序控制器与上位机之间的数据通讯方法	ZL201110301552.2	谭建平　陈　晖　舒招强	2013-10-09
8	一种拉丝机收线工字轮边缘位置检测系统及其控制方法	ZL201110326952.9	谭建平　张松桥　杨　武　刘云龙　熊　波　姚建雄	2013-10-09
9	一种收线工字轮边缘位置检测装置	ZL201110326953.3	谭建平　刘云龙　杨　武　陈　玲	2013-10-09

续表 5-4

序号	发明名称	专利号	发明人	授权时间
10	一种实现负载均衡的液压同步驱动控制系统	ZL200810143791.8	邓 华 李群明 夏毅敏	2013-07-17
11	一种形板式机械加载蠕变时效成形装置	ZL201110194174.2	湛利华 黄明辉 李 杰 李毅格 谭思格 李炎光	2013-07-03
12	同步驱动锻模液压机超慢速液压系统	ZL201110326822.5	陈 敏 李毅波 黄明辉 湛利华 陆新江	2013-06-26
13	自动封罐机用一体化分盖放盖机构	ZL201110399993.0	韩奉林 严宏志	2013-05-08
14	一种海底钻结壳开采方法	ZL201010197291.X	夏毅敏 赵海鸣 刘文华 吴 峰 卜英勇	2013-03-20
15	一种微流控芯片注塑成型及键合的模具	ZL201010542724.0	蒋炳炎 楚纯朋 周 洲 章孝兵	2013-03-13
16	汽轮机缸体结合面现场修复大型可移动式加工铣床装备	ZL201010169190.1	唐华平 雷少敏	2013-03-13
17	磁悬浮平面进给运动装置	ZL201110040403.5	廖 平	2013-02-13
18	一种车用机油添加剂及机油	ZL200910307979.6	毛大恒 石 琛 毛向辉 李登伶	2012-12-19
19	油电混合动力系统机电耦合特性测试装置	ZL201110079766.X	刘少军 黄中华 胡 琼 刘 质	2012-12-19
20	一种主动磁浮支承圆筒型直线电机	ZL201010299626.9	李群明 邓 华 韩 雷 周 英	2012-12-19

续表 5 - 4

序号	发明名称	专利号	发明人	授权时间
21	一种含高熔点合金元素的钛合金的熔炼方法	ZL201110302219.3	杨　胜	2012 - 12 - 05
22	一种光电子器件封装对准的单自由度微动平台	ZL201110158522.0	郑　煜　祝孟鹏　段吉安　周剑英　陆文龙	2012 - 11 - 07
23	一种超声波水下微地形探测试验装置及其方法	ZL201110116752.0	赵海鸣　卜英勇　洪余久　曹　飞	2012 - 11 - 07
24	一种多组合液压长管系振动效应测试方法及装置	ZL201010564742.9	谢敬华　夏毅敏　何　利　田　科　李建平	2012 - 10 - 31
25	一种自动化锻造的操作机与压机联动思迹规划方法	ZL201010558985.1	蔺永诚　陈明松	2012 - 10 - 10
26	复杂航空模锻件精密等温锻造组合模具	ZL201110023213.2	易幼平　陈　春　廖国防　黄始全　王少辉	2012 - 08 - 29
27	一种预测大锻件轴向中心线上空洞闭合率的方法	ZL201010559006.4	蔺永诚　陈明松	2012 - 08 - 15
28	防止人工铝钙合金浇注过程中产生湍流的方法及其装置	ZL201010594796.x	严宏志　马凡凯　刘　明　魏文武　李新明　韩峰林　何岳峰	2012 - 08 - 15
29	一种镁合金板带的电磁场铸轧方法	ZL201110126846.6	毛大恒　李建平　石　琛	2012 - 07 - 25
30	一种永磁悬浮支承圆筒型直线电机	ZL201010299992.4	李群明　邓　华　周　英　韩　雷	2012 - 07 - 25
31	一种加柔性放大臂的基于超磁致伸缩驱动的点胶阀	ZL201010127299.9	段吉安　彭志勇　邓圭玲　谢敬华　葛志旗	2012 - 07 - 25

续表 5-4

序号	发明名称	专利号	发明人	授权时间
32	一种数字式液压机立柱应力点在线检测方法及装置	ZL201010124343.0	谭建平 龚金利 陈 晖	2012-07-25
33	基于阴影法的高密度BGA焊料球高度测量系统及方法	ZL201010530416.6	王福亮 覃经文 田晶晶 陈 云	2012-07-11
34	一种激振力自适应的泵车臂架疲劳试验激振方法及装置	ZL201010502633.4	吴运新 唐宏宾 滑广军 石文泽 马昌训 王 帅	2012-07-11
35	利用超声振动实现各向异性导电膜连接芯片与基板的方法	ZL201010584095.8	蔺永诚 金 浩 陈明松 方晓南	2012-07-04
36	一种多模定量铜锭自动浇铸系统	ZL201010208633.3	严宏志 周正军 叶柏端 彭曙光 吴 凯 王荣辉 杨 兵 何明生	2012-05-30
37	镉锭自动浇铸机	ZL201010208215.4	严宏志 肖功明 刘志祥 杨 兵 张 林 吴 凯	2012-05-30
38	一种采用磁悬浮技术的光刻机掩膜台	ZL201010242033.9	段吉安 周海波 郭宁平	2012-05-23
39	水面漂浮垃圾清理机	ZL201110007067.4	刘建发 陈 阳 李 平 朱 充 周 刚	2012-05-02
40	新型铜凸点热声倒键合	ZL201010583985.7	李军辉 雷 韩 雷 王福亮 隆志力	2012-04-25
41	一种细析出或弥散强化型块体铜合金晶粒的方法	ZL201010539182.1	杨续跃 蔡小华 张 雷	2012-04-25
42	基于CAD/CAE利化优化设计的盘形滚刀地质适应性设计方法	ZL200910044767.3	夏毅敏 周喜温 薛 静 欧阳涛	2012-03-28

续表 5-4

序号	发明名称	专利号	发明人	授权时间
43	深海钻钻完、热液硫化物采掘剥离试验装置	ZL201010177888.8	夏毅敏　卜英勇　张振华　张刚强　罗柏文	2012-03-28
44	复合型土压平衡盾构刀盘 CAD 系统	ZL201010557947.4	夏毅敏　卞章括　景凯凯　罗德志　谭青　林赉贶　董建斌	2012-03-28
45	一种液压挖掘机动臂势能回收方法及装置	ZL200810143874.7	黄中华　刘少军	2012-03-28
46	一种应用于分布参数系统的三域模糊 PID 控制方法	ZL200910043937.6	李涵雄　沈平　段小刚　唐彪	2012-03-28
47	一种铁板带轧制润滑剂	ZL200910043493.6	毛大恒　周亚军　周立	2012-03-07
48	一种磁悬浮精密运动定位平台的解耦控制方法	ZL200910226772.6	段吉安　周海波	2012-01-11
49	一种纳米 WS_2/MoS_2 颗粒的制备方法	ZL201010200269.6	毛大恒　毛艳　石琛　李登伶	2012-01-04
50	一种基于超磁致伸缩棒驱动的点胶阀	ZL201010127672.0	段吉安　彭志勇　邓圭玲　谢敬华　葛志祺	2011-12-21
51	用于微电子系统级封装的堆叠芯片悬臂柔性层键合的方法	ZL201010005521.8	李军辉　隆志力　王瑞山　韩雷　王福亮	2011-12-07
52	一种数字式水压挤压机速度控制系统和方法	ZL201010132158.6	谭建平　文跃兵　周俊峰　汪顺民　陈晖	2011-09-07

续表 5 - 4

序号	发明名称	专利号	发明人	授权时间
53	巨型模锻液压机活动横梁非工作方向偏移检测方法及装置	ZL200910044182.1	谭建平 陈晖 彭玉凤 全凌云	2011-09-07
54	一种盘形滚刀拆卸与装配平台	ZL200910309812.3	夏毅敏 周喜温 滕韬 薛静 吴道通	2011-09-07
55	一种比例阀控蓄能器的盾构刀盘回转驱动压力适应液压控制系统	ZL200910044768.8	夏毅敏 滕韬 罗德志 周喜温 张魁	2011-08-31
56	基于纳米羟基磷灰石用于制造可吸收人工骨的激光烧结机	ZL200910043210.8	帅词俊 彭淑平	2011-08-17
57	滑移装载机用的附属挖掘装置	ZL200810143645.5	何清华 黄志雄 姜校林	2011-07-27
58	一种基于机器视觉的二维位移检测方法	ZL201010128535.9	谭建平 彭玉凤 陈晖 全凌云 司玉校	2011-06-15
59	机电一体化挖掘装载机及控制方法	ZL200810143776.3	何清华 张大庆 郭勇 何耀军	2011-06-08
60	芯片封装互连中的超声质量在线监测判别方法及系统	ZL200910307746.6	王福亮 刘少华	2011-06-01
61	一种利用超声频振动实现聚合物熔融塑化的测试装置	ZL200810031054.9	蒋炳炎 吴旺青 楚纯鹏 沈龙江 彭华建	2011-05-11
62	大直径随钻跟管钻机全液压钻跟管驱动装置	ZL200810143407.4	何清华 朱建新 吴新荣 谢嵩岳	2011-05-11
63	一种控制石油钻杆内加厚过渡带自由面形状的方法	ZL200910303383.9	唐华平 郝长千 姜永正	2011-05-04

续表 5-4

序号	发明名称	专利号	发明人	授权时间
64	一种大流量水节流阀开口度的控制方法	ZL200910044014.2	谭建平 汪顺民 周俊峰 文跃兵	2011-05-04
65	控制旋挖钻机快速抛土的方法	ZL200910042885.0	何清华 曾素 朱建新 张奇志 郭勇	2011-04-20
66	电动叉车功率效率检测分析装置	ZL200910308029.5	何清华 刘均益 邓宇 郭勇	2011-04-20
67	高稳定性重载夹钳	ZL200710192489.7	何苞飞 李群明 邓华 夏毅敏	2011-04-13
68	一种集成光子器件快速对准方法和装置	ZL200910307873.6	段吉安 徐洲龙 郑煜 李显 阳波	2011-02-16
69	挖掘机铲斗用摆转装置	ZL200810031173.4	何清华 黄志雄 姜校林	2011-02-16
70	一种深海钻结壳破碎方法及装置	ZL200810107585.1	黄中华 刘少军	2011-02-09
71	一种位置可调的多滚刀回转切削试验台	ZL200810143551.8	夏毅敏 谭青 周喜温 欧阳涛 薛静	2011-02-02
72	微型陶瓷轴承内孔研磨机	ZL200810030939.7	李新和 徐觉斌	2011-01-05
73	挖掘机用摆转装置	ZL200810143911.4	何清华 黄志雄 夏毅敏 姜校林	2010-12-29
74	一种基于压力反馈的液压同步驱动系统	ZL200710192486.3	邓华 王艾伦 夏毅敏 何苞飞 李群明	2010-12-22

续表 5-4

序号	发明名称	专利号	发明人	授权时间
75	一种气体加压式齿刀切削性能测试装置	ZL200810143589.5	夏毅敏 欧阳涛 罗德志 黄利辉 薛 静	2010-11-10
76	一种基于电磁斥力驱动的胶液喷射器	ZL200810031262.9	邓圭玲 王军泉 谢敬华 彭志勇	2010-11-03
77	一种实现大惯性负载快速启停与平稳换向的液压传动系统	ZL200710192485.9	邓 华 夏毅敏 李群明 何竞飞	2010-10-13
78	航道钻机	ZL200710035680.0	何清华 赵宏强 陈欠根 高淑蓉 林宏武	2010-09-29
79	一种集成光子芯片与阵列光纤自动对准的机械装置	ZL200810143180.3	段吉安 郑 煜	2010-09-29
80	一种可调式多滚刀切削破岩试验装置	ZL200810143552.2	李夕兵 夏毅敏 周子龙 谭 青 周喜温	2010-08-25
81	一种石墨离心泵蜗壳的制备方法	ZL200810031598.5	严宏志 朱联邦	2010-08-25
82	压电式超声能换能器驱动电源	ZL200810143325.X	王福亮 邹长辉 乔家平	2010-08-11
83	深海近海底表层水体无扰真取样器	ZL200610032457.6	黄中华 刘少军 李 力	2010-07-14
84	阵列波导器件用的多维对准平台	ZL200810143178.6	段吉安 郑 煜	2010-07-14
85	可无级调节冲击能和频率的液压打桩锤气液控制驱动系统	ZL200810143594.6	胡均平 王 琴 罗春雷 朱桂华 刘 伟 史天亮 夏 勇 严冬兵 张 灵	2010-06-02

续表 5-4

序号	发明名称	专利号	发明人	授权时间
86	巨型模锻液压机立柱应力采集装置及应力监控系统	ZL200810168419.2	谭建平　陈　晖　龚金利	2010-06-02
87	一种基于电磁吸力驱动的胶液喷射器	ZL200810031261.4	邓圭玲　王军泉　谢敏华　彭志勇	2010-03-24
88	集成光子芯片与阵列光纤自动对准装置	ZL200810143179.0	段吉安　廖　平　郑　煜	2010-02-24
89	多点驱动大型液压机液压控制系统	ZL200810030874.6	陈　敏　湛利华　黄明辉　刘忠伟　周育才　邓　奕	2010-02-17
90	导卫装置水冷却方法	ZL200410023357.8	任立军　吴　波　向　勇　唐永辉	2010-01-20
91	一种浇铸用熔体保温箱液位控制装置	ZL200810030848.3	严宏志　廖　平　张　华　顾　俊	2009-12-16
92	直线转型机用合金自动浇注装置	ZL200810030847.9	严宏志　肖功明　廖　平　夏中卫　彭高明　魏文武　顾　俊　周华文　张　华　成小元　肖新亚	2009-11-25
93	机电一体化挖掘机及控制方法	ZL200610031374.5	何清华　郝　鹏　张大庆	2009-11-04
94	利用双激光束在线监测多个活动部件中心的方法及装置	ZL200710303430.0	谭建平　杨需帅　吴士旭　肖劲军	2009-06-17
95	一种机械式微地形探测仪	ZL200510032325.9	卜英勇　任凤月　夏毅敏　刘光华　罗光文	2009-06-10

续表 5 - 4

序号	发明名称	专利号	发明人	授权时间
96	一种频率自适应的振动时效方法及装置	ZL200710035968.8	吴运新 廖凯 朱洪炎 熊卫民 沈华龙 张舒原 杨辅强	2009 - 06 - 10
97	一种螺旋流流体流动性测试模具	ZL200510031353.9	蒋炳炎 谢磊 彭华建	2009 - 06 - 10
98	液压机连续增压系统	ZL200710035917.5	黄明辉 刘业伟 陈敏 周育才 湛利华 邓奕	2009 - 04 - 29
99	巨型液压机同步平衡液压回路	ZL200710035814.9	黄明辉 湛利华 邓奕 刘忠伟 周育才 刘少军 陈敏	2009 - 04 - 29
100	一种步进扫描光刻机隔振系统模拟试验装置	ZL200610032375.1	吴运新 贺地求 袁志扬 邓习树 王永华 蔡志斌 李建平	2009 - 03 - 04
101	模锻水压机比例型油泵水操纵系统	ZL200710004939.5	蒋大富 周俊峰 谭建平 曹贤跃 魏亮 彭速中	2009 - 02 - 04
102	一种用于步进扫描光刻机的精密隔振系统	ZL200610136730.X	吴运新 王建平 邓习树 袁志扬 杨辅强 蔡良斌	2009 - 01 - 28
103	一种搅拌摩擦焊角接外焊方法	ZL200610031319.6	贺地求 梁建章 邓航 周鹏展	2008 - 08 - 27
104	热超声倒装芯片键合机	ZL200610031493.0	易幼平 王福亮 钟掘 李军辉 谢敬华 隆志力 韩雷	2008 - 08 - 27

续表 5－4

序号	发明名称	专利号	发明人	授权时间
105	深海悬浮颗粒物和浮游生物浓缩采真取样器	ZL200410047027.2	李　力　金　波　刘少军　顾临怡　黄中华　谢英俊	2008－07－16
106	一种制造光纤器件的电阻加热式熔融拉锥机	ZL200610032235.4	段吉安　帅词俊　廖　平	2008－07－16
107	超声搅拌焊接方法及其装置	ZL200610004059.3	贺地求　梁建章	2008－02－13
108	磁流变液可调阻尼器	ZL200610031978.X	黄中华　刘少军　谢　雅　杜　斌	2008－02－13
109	用于光纤连接器端面的超声机械复合研磨抛光方法及装置	ZL200410046920.3	李新和　段吉安　唐永正　谢敬华　李群明　刘德福	2008－01－16
110	滚动联轴器	ZL200410047030.4	徐海良	2007－09－12
111	高精度在线拐板凸度检测装置	ZL200410023276.8	谭建平　周俊峰　张　材　李小东	2007－03－28
112	大型结构框架架非接触应力测量装置	ZL200510031211.2	黄明辉　李晓谦　胡仕成　周俊峰　吴运新　钟　掘	2007－01－17
113	杂质采组合机械密封装置	ZL03124476.9	任立军　吴　波　刘研尧　王　维	2006－08－16
114	一种可移动分布式深海矿产资源的连续开采方法	ZL02114131.2	何清华　郭　勇　陈欠根　朱建新	2005－03－02
115	冲击器输出性能的测试装置及测试方法	ZL01119587.8	杨襄璧　丁问司　胡均平　罗春雷　刘　忠	2004－03－10

续表 5 - 4

序号	发明名称	专利号	发明人	授权时间
116	铸轧辊辊套及其制备方法	ZL00126688.8	黄明辉 毛大恒 吴世忠 李新和 胡长松 曹远锋 彭成章 钟 掘	2004 - 03 - 03
117	一种轧辊辊芯	ZL00126702.7	黄明辉 李晓谦 肖文锋 张立华 张星星 胡忠举 钟 掘	2004 - 02 - 04
118	低压配应力铸轧辊	ZL00126689.6	张立华 吴运新 黄明辉 肖文锋 贺地求 曹远锋 钟 掘	2004 - 01 - 07
119	铸轧机	ZL01106988.0	钟 掘 李晓谦 黄明辉 毛大恒 贺地求 肖 刚 谭建平 吴运新 张立华 李新和 张友旺 邓圭玲 段吉安 肖文锋 高云章 朱志华 越啸林	2004 - 01 - 07
120	快凝铸轧铸嘴型腔布流控制装置	ZL01106832.9	毛大恒 邓圭玲 段吉安 张 章 刘晓波 钟 掘	2003 - 11 - 19
121	快凝铸轧复合外冷装置	ZL01106825.6	肖亚军 高 志 李新和 周亚军 周 立 汤晓燕 钟 掘	2003 - 10 - 29
122	热装辊套式组合轧辊	ZL0207864.9	任立军 向 勇	2003 - 04 - 16

续表 5 - 4

序号	发明名称	专利号	发明人			授权时间
123	铝带坯电磁铸轧方法及装置	ZL98102477.7	钟　掘　毛大恒　肖立隆 丁道廉　郭士安　赵啸林 马继伦　蔡菅军　陈际达 陈大根			2002 - 06 - 19
124	锰钨钛耐磨铸钢	ZL98106808.1	任立军　胡昭如　刘舜尧 陈学耀			2001 - 06 - 30
125	铬锰钨系抗磨铸铁	ZL98112329.5	任立军　胡昭如　刘舜尧 陈学耀			2001 - 03 - 22
126	一种液压钻车的推进系统	ZL95110837.9	杨襄璧　罗松保　罗春雷			2000 - 07 - 14
127	按流量控制的液压凿岩机控制系统	ZL95110838.7	杨襄璧　胡均平　王　琴 罗松保			2000 - 02 - 05
128	液压冲击装置	ZL96118034.X	杨襄璧　晏从高　赵宏强 胡均平　罗春雷			2000 - 01 - 22
129	冲击器	ZL93115614.9	何清华　朱建新　胡均平 陈泽南			1995 - 05 - 24
130	液压静力沉桩机	ZL93110671.0	何清华　朱建新　胡均平 陈泽南			1995 - 03 - 17
131	用于岩矿二次破碎的碎石机	ZL91106882.1	何清华　朱建新　杨襄璧			1993 - 08 - 22
132	无级调频锥阀控制液压冲击装置	ZL88105670.7	杨襄璧　张克南			1993 - 05 - 06

5.5 国家实用新型及外形设计专利授权

表5-5 国家实用新型及外形设计专利授权情况汇总表

序号	专利名称	专利号	发明人	授权时间
1	一种大吨位液压静力压桩机夹桩机构	ZL201320268425.1	罗春雷 宋长春 张宜 刘芳华 喻 顾增海 范增辉 陈周伟 刘	2013-11-27
2	一种钢管桩连接座	ZL201320268273.5	罗春雷 刘芳华 张宜 喻 陈周伟 范增辉 顾增海 刘小文 刘健	2013-11-27
3	一种外磁式微型磁流变阻尼器	ZL201320242676.2	李军辉 王福亮 夏阳 邓路华 韩雷	2013-10-16
4	一种大直径高功率太阳花复合散热装置	ZL201220732283.5	段吉安 李军辉 向建化 周海波 邓圭玲	2013-08-07
5	一种液压挖掘机比例流量优先控制阀	ZL201320020477.7	何清华 刘复平 郭勇 陈桂芳 张云龙	2013-07-17
6	一种超声筒形变薄旋压装置	ZL201220644532.5	李新和 舒晨 张旭 何霞辉 秦清源	2013-06-05
7	光伏薄膜电池散热及余热回收装置	ZL201220596367.0	江乐新 季桂树 黄明登	2013-04-17
8	一种制冷和制热快速转换装置	ZL201220567160.0	向建化 段吉安 周海波	2013-04-17
9	一种轻质墙材生产用轻骨料气力负压输送与计量系统	ZL201220332526.6	朱桂华 邓玲 张春成 周永海	2013-03-13

续表 5-5

序号	专利名称	专利号	发明人	授权时间
10	轻型飞机襟翼控制装置	ZL201220257762.6	何清华　陈瑞杰　谢习华　邹湘伏	2013-01-16
11	液压振动沉拔桩机的夹桩机构	ZL201220160385.4	罗春雷　张宜　刘芳华　范增辉　宋长春	2013-01-02
12	基于比例阀蓄能器调节偏载的液压同步驱动系统	ZL201220243474.5	金耀　夏毅敏	2012-12-05
13	基于比例阀溢流阀实现载荷均衡的液压同步系统	ZL201220243472.6	金耀　夏毅敏	2012-12-05
14	可调矩液压振动沉拔桩机液压机构	ZL201220159951.x	罗春雷　刘芳华　范增辉　宋长春　张宜	2012-11-21
15	一种高速搅拌制浆台车	ZL201120226276.3	傅志红　胡爱武	2012-10-24
16	一种扩孔钻头	ZL201120558928.3	朱建新　唐孟雄　吴新荣　单荣岩	2012-09-26
17	一种开关式控桩器	ZL201120558926.4	朱建新　唐孟雄　吴新荣　单荣岩	2012-09-26
18	一种直升机双踟跷板式桨毂机构	ZL201120479605.5	何清华　罗伟　谢习华　邹湘伏	2012-09-05
19	一种浇注中间包液位控制装置	ZL201120493725.0	周华文　严宏志　夏中卫　李新明　黄新跃	2012-08-15
20	一种铸模中熔体液位的检测装置	ZL201120495102.7	严宏志　杨兵　吴凯	2012-07-25
21	一种检测高温金属熔体液位的装置	ZL201120493740.5	严宏志　杨兵　吴凯	2012-07-25
22	深锥浓密机支撑组件	ZL201120389610.7	蔡小华　谢大鸣	2012-06-06
23	尾矿砂浆混料送料机构	ZL201120389609.4	蔡小华　谢大鸣	2012-06-06
24	深锥浓密机搅拌机构	ZL201120389707.8	蔡小华　谢大鸣	2012-06-06

续表5-5

序号	专利名称	专利号	发明人	授权时间
25	深锥浓密机传动连接组件	ZL201120391000.0	蔡小华 谢大鸣	2012-06-06
26	深锥浓密机	ZL201120391040.5	蔡小华 谢大鸣	2012-06-06
27	深锥浓密机回转式送料装置	ZL201120390970.9	蔡小华 谢大鸣	2012-06-06
28	排锯机夹紧板的位移检测装置	ZL201120182155.3	谭建平 陈晖 龚金利 孟海 夏文辉	2012-04-04
29	多功能门架式机械手	ZL201120232284.9	严宏志 龙尚斌 何国旗 李新明	2012-03-28
30	一种螺旋地桩钻机	ZL201120120655.4	赵宏强 高淑蓉 林宏武	2012-01-04
31	激光光轴调节及保持装置	ZL201120082726.6	谭建平 王宪 全棱云 龚金利	2011-11-23
32	快速过滤取样器	ZL201120072870.1	蒲秋梅 任凤莲 汪博 李源 曹福悦 沈芳 江放明	2011-11-16
33	一种用于微流控芯片制造的旋转多工位注射成型模具	ZL201020605232.7	蒋炳炎 陈闻 周洲 章孝兵	2011-11-09
34	一种自带缓冲装置的复合夯锤	ZL201120080647.1	朱建新 邓曦明 黄宗宁	2011-11-09
35	一种桩机用可倾斜的复合桁架	ZL201120028471.5	朱建新 邓曦明 黄宗宁	2011-09-14
36	用于马达直接驱动输送辊的连接装置	ZL201120005559.5	谭建平 陈晖 孟海 龚金利 夏文辉	2011-09-07
37	一种排锯机垂直辅助夹紧装置	ZL201020684788.x	谭建平 陈晖 孟海 龚金利 夏文辉	2011-09-07

续表 5 - 5

序号	专利名称	专利号	发明人	授权时间
38	立柱可折叠式液压静力压桩机	ZL201120029830.9	罗春雷　张建华　吴伟传　丁　吉 钟锡继　贺建超　宋长春	2011 - 08 - 24
39	多功能液压静力压桩机	ZL201120029944.3	罗春雷　张建华　钟锡继　吴伟传 丁　吉　宋长春　贺建超	2011 - 08 - 10
40	一种高温铝炉渣压渣机的液压驱动系统	ZL201020623360.4	夏毅敏　何　利　张刚强　张振华 薛　静	2011 - 08 - 03
41	桩机用可倾斜的复合桁架	ZL201120028540.2	朱建新　邓曦明　黄宗宁	2011 - 07 - 27
42	微流控芯片注塑成型及键合的模具	ZL201020605010.5	蒋炳炎　楚纯朋　周　洲	2011 - 06 - 15
43	一种模内多腔切浇口机构	ZL201020605230.8	蒋炳炎　袁　理　楚纯朋　章孝兵	2011 - 05 - 25
44	一种高强度高安全复合材料轻型飞机机身结构	ZL201020550987.1	邹湘伏　何清华　周　凯　谢习华	2011 - 05 - 25
45	液压挖掘机远程监控系统	ZL201020508024.5	黄志雄　郝　鹏　何耀军　刘均益	2011 - 02 - 09
46	一种力橡胶管端连接固定结构	ZL201020241705.x	谢习华　邹湘伏　贺继林	2011 - 02 - 02
47	一种小型无人飞机的弹射系统	ZL201020241857.x	何清华　邹湘伏　罗有元　谢习华	2011 - 02 - 02
48	搅拌摩擦焊动力主轴	ZL201020139706.3	贺地求	2010 - 11 - 03
49	一种大孔径分体臂式潜孔钻机	ZL201020002724.7	赵宏强　何清华　高淑蓉	2010 - 09 - 22
50	一种伸缩油缸的支撑固定结构	ZL200920310631.8	何清华　张大庆　王　军　徐　波	2010 - 09 - 01
51	一种钻机捕尘罩	ZL200920292170.6	赵宏强　何清华　谭　荣	2010 - 09 - 01

续表 5-5

序号	专利名称	专利号	发明人	授权时间
52	伸缩臂叉装车货叉自动调平装置	ZL200920311167.4	黄志雄 何清华 刘利明	2010-07-14
53	一种轨基高速列车轮盘扫刮重力传感器	ZL200920313091.9	黄志辉	2010-07-14
54	一种履带起重机回转平台用防转插销	ZL200920309910.2	黄志雄 何清华 刘利明 罗颖	2010-06-09
55	叉车静压力称重装置	ZL200920311916.3	何清华 刘均益 汪小兰 姜鹏	2010-06-02
56	基于散热鳍片和微风扇组合散热的高功率 LED 照明装置	ZL200920309587.9	李军辉 王瑞山	2010-06-02
57	一种微流控芯片注射成型气动脱模装置	ZL200920064696.9	蒋柄炎 申瑞霞 翟瞻宇 楚纯朋	2010-05-26
58	回转式伸缩臂叉装车	ZL200920311166.x	何清华 黄志雄 刘利明 罗颖	2010-05-19
59	一种窗户自动启闭装置	ZL200920064225.8	黄中华 张晓建 谢雅	2010-03-03
60	滑移装载机主泵流量控制复位机构	ZL200920062952.0	何清华 黄志雄 蓝维新	2009-12-30
61	旋挖钻机正反转抛土控制装置	ZL200920063678.9	何清华 朱建新 郭勇 曾素 张奇志	2009-12-09
62	锌片自动推料机	ZL200920062833.5	严宏志 伏东才 吴凯 朱联邦 聂现伟 王小波 杨兵 李铁军	2009-11-25
63	使用该外观设计的产品名称：叉车	ZL200830057606.4	汪小兰 何清华	2009-11-18
64	一种混合动力液压挖掘机动臂势能回收装置	ZL200820210842.x	黄华华 刘少军	2009-11-04
65	基于半导体制冷散热的高功率发光 LED 照明装置	ZL200920062881.4	李军辉 易幼平 韩雷 钟掘	2009-10-21

续表 5 - 5

序号	专利名称	专利号	发明人	授权时间
66	一种防止进液流影响多出流口流量的浇铸箱	ZI200820159379.0	严宏志 刘明 夏中卫 周华文 裴现伟	2009 - 09 - 30
67	一种摆转装置	ZI200820210889.6	何清华 黄志雄	2009 - 09 - 30
68	滑移装载机动臂	ZI200820210888.1	何清华 黄志雄	2009 - 09 - 30
69	一种挖掘装载机组合机	ZI200820159513.7	何清华 张大庆 郭勇	2009 - 09 - 30
70	液压静力压桩机浮机保护控制装置	ZI200820158895.1	何清华 朱建新 刘均益	2009 - 09 - 09
71	一种翻转的滑移挖掘器操纵装置	ZI200820158892.8	黄志雄 姜校林 林涛	2009 - 09 - 02
72	多功能液压静力沉孔灌注压桩机	ZI200820159283.4	何清华 朱建新	2009 - 09 - 02
73	一种叉车用载荷限制器	ZI200820159284.9	刘均益 郭勇	2009 - 09 - 02
74	滑移装载机用可横向移动式挖掘装置	ZI200820159285.3	何清华 黄志雄	2009 - 09 - 02
75	一种滑移装载机用的附属挖掘装置	ZI200820159282.x	何清华 黄志雄	2009 - 09 - 02
76	一种可无级调节冲击能和频率的液压打桩锤气液控制驱动系统	ZI200820159190.1	胡均平 王琴 罗春雷 朱桂华 刘伟 史天亮 夏勇 严冬兵 张灵	2009 - 09 - 02
77	一种大直径钻跟管钻机全液压随动跟管驱动装置	ZI200820158896.6	何清华 朱建新 谢嵩岳	2009 - 08 - 12
78	一种滑移装载机平举执行机构	ZI200820158893.2	何清华 郭勇	2009 - 08 - 12
79	一种挖掘机型式钻机	ZI200820158897.0	赵宏强 何清华	2009 - 08 - 12

续表 5 - 5

序号	专利名称	专利号	发明人	授权时间
80	潜孔钻机司机室	ZL200820054256.0	何清华　赵宏强　陈欠根	2009 - 08 - 05
81	一种大直径随钻跟管钻机	ZL200820158894.7	何清华　朱建新	2009 - 08 - 05
82	一种小型液压挖掘机的液压节能供油系统	ZL200820158891.3	何清华　郭　勇　柴叶盛	2009 - 07 - 08
83	挖掘机	ZL200830057605.x	何清华　汪春晖　黄丽丹	2009 - 07 - 08
84	一种高温耐腐蚀离心泵	ZL200820158696.0	严宏志　王　辉　伏东才　肖功明 彭曙光　朱联邦　魏文武　王小波 李　瑛	2009 - 07 - 08
85	一种一体化臂式潜孔钻机	ZL200820054255.6	何清华　赵宏强	2009 - 05 - 27
86	钻机卸杆器	ZL200820054254.1	何清华　高淑蓉	2009 - 05 - 20
87	航道钻机防浪涌装置	ZL200820054257.5	赵宏强　何清华　谢　佳	2009 - 05 - 20
88	配重块	ZL200830057607.9	何清华　朱建新　吴　岳　李　耀	2009 - 04 - 29
89	一种适宜水、陆两栖起降飞行的动力三角翼飞行器	ZL200820053447.5	何清华　邹湘伏	2009 - 04 - 22
90	一种基于电磁吸力驱动的胶液喷射器	ZL200820053103.4	邓圭玲　王军泉　谢敬华　彭志勇	2009 - 04 - 15
91	一种万向摇摆筒	ZL200820053718.7	何清华　黄志雄　刘　浩	2009 - 03 - 25
92	一种履带自卸车的司机室保护装置	ZL200820053188.6	何清华　黄志雄　林　涛	2009 - 03 - 18
93	一种履带式自卸车的副车架	ZL200820053189.0	何清华　黄志雄　陈淼林	2009 - 03 - 18
94	航道钻机液压驻车装置	ZL200820052654.9	赵宏强　何清华　黄志雄	2009 - 03 - 18

续表 5-5

序号	专利名称	专利号	发明人	授权时间
95	航道钻机液压行走装置	ZL200820052656.8	何清华 赵宏强 陈久根	2009-03-18
96	履带式自锚车车架平台	ZL200820053027.7	何清华 黄志雄 陈淼林	2009-03-11
97	一种旋钻机的动臂变幅机构	ZL200820053062.9	何清华 朱建新 胡浩 吴岳 凡知秀	2009-03-11
98	旋挖钻机底盘	ZL200820053030.9	何清华 朱建新 吴岳 李耀 郝永辉	2009-03-11
99	用于工程机械司机保护结构实验室试验的装置	ZL200820052835.1	何清华 黄志雄 李兵	2009-03-11
100	一种旋钻机转台	ZL200820053029.6	何清华 朱建新 吴岳 丁文强 熊明强	2009-03-11
101	挖掘机铲斗用摆转装置	ZL200820053028.1	何清华 黄志雄 姜校林	2009-03-11
102	一种基于电磁斥力驱动的胶液喷射器	ZL200820053102.x	邓圭玲 王军泉 谢敬华 彭志勇	2009-01-28
103	一种超磁致伸缩驱动胶液喷射器	ZL200820053161.7	邓圭玲 王军泉 谢敬华 陈津	2009-01-28
104	一种带高速抛土功能的旋挖钻机动力头装置	ZL200820053040.2	何清华 朱建新 吴岳 凡知秀	2009-01-28
105	单减速机单马达旋挖钻机动力头装置	ZL200820053041.7	何清华 朱建新 吴岳 凡知秀	2009-01-28
106	一种组合式钻架	ZL200820052658.7	何清华 赵宏强 高淑蓉	2009-01-14
107	航道钻机套管压紧装置	ZL200820052655.3	赵宏强 何清华 朱建新	2009-01-14
108	用于将螺旋钻杆上黏附土清除的装置	ZL200820052657.2	何清华 赵宏强 邹湘伏	2009-01-14

续表 5 - 5

序号	专利名称	专利号	发明人	授权时间
109	一种微型陶瓷轴承内孔研磨机	ZL200820052687.3	李新和 徐觉斌	2008 - 12 - 24
110	一种钻孔立杆机	ZL200820052104.7	何清华 赵宏强 朱建新 高淑蓉 林宏武	2008 - 11 - 19
111	履带式行走机构的张紧装置	ZL200720064813.2	黄志雄 何清华 匡前友	2008 - 10 - 08
112	履带式滑移装载机锁紧装置	ZL200720064816.6	何清华 黄志雄 匡前友	2008 - 08 - 13
113	独立马达减速机驱动实现高速抛土的动力头装置	ZL200720064814.7	何清华 朱建新 吴岳	2008 - 08 - 13
114	工程机械司机室翻转窗	ZL200720064812.8	何清华 陈欠根 赵红辉	2008 - 08 - 13
115	挖掘机工作装置锁紧机构	ZL200720064811.3	何清华 孙东来 李瓦够	2008 - 08 - 13
116	一种旋挖钻机桅杆限位控制装置	ZL200720064810.9	何清华 郭勇 朱建新 姚维	2008 - 08 - 13
117	一种胶管护套缠绕机	ZL200720064342.5	何清华 黄志雄 刘浩 陈小平	2008 - 07 - 30
118	一种航道钻机	ZL200720064343.x	赵宏强 陈欠根 何清华 高淑蓉 林宏武	2008 - 07 - 23
119	步履式行走机构的行走轮架与上部结构的联结构件	ZL200720064815.1	何清华 朱建新	2008 - 07 - 02
120	一种圆锥滚子轴承拉拔器	ZL200720064344.4	何清华 黄志雄 刘浩	2008 - 06 - 25
121	压桩机双向油缸楔块式夹桩机构	ZL200720063096.1	胡均平 吴晓明 张建华 兰慧芳 王琴 刘丹 罗春雷 陆晓兵 张灵 史天亮	2008 - 04 - 23

续表 5 – 5

序号	专利名称	专利号	发明人	授权时间
122	长螺旋钻机液压动力头	ZL200720063095.7	胡均平　王哲　刘丹　周翠珊　罗春雷　张灵　陆晓兵　史天亮	2008 – 04 – 16
123	一种液压挖掘机的直线行走机构	ZL200720062756.4	何清华　柴叶盛	2008 – 01 – 23
124	挖掘机伸缩式底盘	ZL200620053060.0	何清华	2008 – 01 – 16
125	小型液压挖掘机液压缸用缓冲装置	ZL200620053199.5	何清华	2007 – 12 – 05
126	适于钢丝橡胶履带的支重轮	ZL200620050602.9	何清华	2007 – 09 – 12
127	一种适于钢履带和橡胶履带的支重轮	ZL200620050612.2	何清华	2007 – 08 – 08
128	三维机构系统创新综合实验台	ZL200620051544.1	陈观南　何党飞　张斌	2007 – 07 – 25
129	全液压多方位高程锚固钻机	ZL200520052506.3	吴万荣	2007 – 07 – 18
130	一种用于控制氮爆式液压破碎锤的套阀	ZL200620050835.9	何清华　陈欠根　邹湘伏	2007 – 05 – 30
131	全液压多方位潜孔钻机	ZL200520052467.7	吴万荣	2007 – 05 – 16
132	机电一体化挖掘机	ZL200620050330.2	何清华　郝鹏　张大庆	2007 – 05 – 16
133	一种套阀控制氮爆式液压破碎锤	ZL200620050836.3	陈欠根　何清华　邹湘伏	2007 – 05 – 16
134	多杆钻杆库	ZL200620051030.6	赵宏强　何清华　陈欠根	2007 – 04 – 04
135	开口环密封智能水力控制阀	ZL200620049790.3	何清华	2007 – 03 – 28
136	一种阀门用自力式双速控制缸	ZL200620049987.7	何清华	2007 – 03 – 28
137	阀门用自力式双速控制缸	ZL200620049986.2	何清华	2007 – 03 – 28
138	液压挖掘机行走液压锁死装置	ZL200620050185.8	何清华	2007 – 03 – 28

续表 5 - 5

序号	专利名称	专利号	发明人	授权时间
139	一种旋挖钻机自动抛土控制装置	ZL200620050613.7	何清华	2007 - 03 - 28
140	潜孔钻机用湿式除尘系统	ZL200520052468.1	邹利民 吴万荣 刘 忠	2007 - 03 - 21
141	开口环密封水泵智能控制阀	ZL200620049789.0	何清华	2007 - 03 - 14
142	一种两级双作用液压缸	ZL200520052308.7	胡军科 何国华 吴时飞	2007 - 01 - 31
143	挖掘机监控装置	ZL200420113730.4	何清华 龚艳玲 刘均益 郝 鹏	2007 - 01 - 17
144	露天钻机铰接式钻架升举变幅机构	ZL200520051531.x	何清华 赵宏强 谢习华	2007 - 01 - 17
145	一种滑移装载机底盘	ZL200520052829.2	何清华 黄志雄 邹湘伏	2007 - 01 - 17
146	一种可翻转司机室用连接装置	ZL200520052828.8	何清华 黄志雄 赵宏强	2007 - 01 - 17
147	一种潜孔钻机调速装置	ZL200520052962.8	何清华 郭 勇 赵宏强	2007 - 01 - 17
148	一种旋挖机电液比例加压装置	ZL200520052960.9	何清华 郭 勇 朱建新	2007 - 01 - 17
149	一种工程机械用限位保护机构	ZL200520052961.3	黄志雄 谢习华	2007 - 01 - 17
150	一种工程机械盖件用锁扣	ZL200520052830.5	何清华 黄志雄 周 凯	2006 - 12 - 06
151	液压静力沉桩机的压桩控制回路	ZL200520051130.4	胡均平 罗春雷 王 琴 朱桂华 戴 棋 刘 丹 勇	2006 - 11 - 08
152	双腔颚式破碎机	ZL200520050887.1	母福生	2006 - 11 - 08
153	液压静力沉桩机的机身—悬臂连接机构	ZL200520050886.7	胡均平 朱桂华 王 琴 罗春雷 戴 棋 朱菁菁 庞 浩	2006 - 09 - 20
154	液压振动沉拔桩机调矩装置	ZL200520050203.8	胡均平 罗春雷 王 琴 朱桂华 戴 棋 朱菁菁 唐 勇 刘 伟	2006 - 09 - 20

续表 5 - 5

序号	专利名称	专利号	发明人	授权时间
155	液压静力沉桩机的回转复位机构	ZL200520051075.9	胡均平　朱桂华　王　琴　罗春富　朱菁菁　李天富　张龙燕	2006 - 07 - 26
156	轴向可移动联轴器	ZL200420036073.8	徐海良　何清华	2006 - 06 - 28
157	挖掘机工作装置前端偏转机构	ZL200520050577.x	何清华　应伟晖　汪春晖	2006 - 06 - 14
158	小型液压挖掘机的自动急速装置	ZL200520050630.6	何清华　郭　勇　刘均益　谢习华	2006 - 06 - 14
159	一种用于低熔点合金厚板焊接的强力搅拌焊头	ZL200520050618.5	贺地求　周鹏展　舒霞云	2006 - 05 - 03
160	海水液压电控单向阀	ZL200520100231.6	金　波　李　力　谢英俊　刘少军　顾临怡　黄中华	2006 - 03 - 01
161	潜孔钻机用双钻口卸杆器	ZL200420113738.0	陈欠根　何清华　林宏武　邹湘伏	2006 - 02 - 15
162	潜孔钻机用单钻口卸杆车	ZL200420113737.6	何清华　黄志雄　陈欠根　林宏武	2006 - 02 - 15
163	潜孔钻机用单钻口卸杆器	ZL200420113735.7	何清华　赵宏强　林宏武　黄志雄	2006 - 02 - 15
164	旋挖钻机多节钻杆自装自卸装置	ZL200420113734.2	何清华　冯跃飞　朱建新	2006 - 02 - 15
165	旋挖钻机钻桅举升装置	ZL200420113736.1	何清华　朱建新　冯跃飞	2006 - 02 - 15
166	潜孔钻机用钻架	ZL200420113733.8	何清华　陈欠根　林宏武　邹湘伏	2006 - 02 - 15
167	全液压潜孔钻动力头	ZL200420068635.7	陈欠根　何清华　邹湘伏	2005 - 12 - 21
168	用于光纤通信器件熔融的电加热器	ZL200420035981.5	段吉安　帅词俊　侯铃珑　钟　掘	2005 - 12 - 07
169	深海采矿石输送系统	ZL200420036074.2	徐海良　何清华	2005 - 09 - 28

续表 5-5

序号	专利名称	专利号	发明人	授权时间
170	光导纤维连接器插针体端面研磨装置	ZL200420036121.3	李新和 唐永正 段吉安	2005-08-17
171	光导纤维连接器的陶瓷插芯内孔的研磨装置	ZL200420035663.9	肖昆 李新和 郭淑娟 钟掘	2005-06-15
172	内燃机机械增压器	ZL200420036260.6	刘厚根 王玉西 陈兴强	2005-06-01
173	一种开口式扣压机	ZL200420049039.4	邓年生 杨务滋 周立强 王武兵 宁崴	2005-03-09
174	振动桩锤用偏心传动齿轮	ZL200320113926.9	何清华 张海涛	2004-11-17
175	一体化全液压潜孔钻机	ZL03248873.4	何清华 吴万荣 陈欠根 林宏武	2004-10-20
176	压桩机多点均压夹桩机构	ZL03248306.6	何清华 朱建新 陈欠根	2004-09-15
177	一种自反馈液压冲击器	ZL02277117.4	何清华 陈欠根	2003-07-30
178	热装辊套式组合轧辊	ZL02207864.9	任立军 向勇	2003-04-16
179	一种适应于 H 型钢的夹桩机构	ZL02223278.8	陈欠根 何清华 林宏武 朱建新	2003-02-26
180	一种带有自动移位功能的振动检测装置	ZL02223409.8	段吉安 吴运新 张希林 严珩志 唐华平 隆志力	2003-01-22
181	液压静力沉桩机的长船行走机构	ZL02202431.x	胡均平 朱桂华 罗春雷 曾晨阳 刘伟 朱菁青 李建强 吴伟辉	2002-11-13
182	工程机械驾驶室翻转装置	ZL01257459.7	何清华 周凯 黄志雄 钟灵敏 林宏武	2002-10-02
183	挖掘机	ZL01340481.4	何清华 陶季常 钟灵敏 周凯 戴斌安 林宏武	2002-08-21

续表 5 - 5

序号	专利名称	专利号	发明人	授权时间
184	顶压桩机压桩机构	ZL01335359.0	何清华 张新海 陈欠根 朱建新 林宏武	2002 - 05 - 01
185	冲击器输出性能测试装置	ZL01225688.9	杨襄壁 胡均平 丁问司 罗春雷 朱桂华	2002 - 02 - 27
186	减小冲蚀磨损的渣浆泵叶轮	ZL00251965.8	任立军 赵正江 吴波	2001 - 10 - 03
187	直线位移传感器	ZL00225855.2	何清华 郭勇	2001 - 09 - 12
188	控制手柄	ZL00225930.3	何清华 邓伯禄 王佰升	2001 - 09 - 12
189	冷热湿润气体理疗美容仪	ZL00251914.3	贺地求	2001 - 08 - 18
190	一种剥皮机	ZL00225736.x	周立强 杨务滋 刘顺成	2001 - 06 - 30
191	一种可压边桩和角桩的静力压桩机	ZL99249765.5	何清华	2000 - 08 - 26
192	压桩机的一种夹桩机构	ZL99249764.7	何清华	2000 - 08 - 12
193	液压冲击器	ZL99218218.2	杨襄壁 丁问司 张新 胡均平 杨国平	2000 - 06 - 10
194	碎石冲击装置	ZL99233328.8	何清华 朱建新 陈泽南	2000 - 03 - 29
195	液压静力沉桩机的夹桩机构	ZL99233166.8	胡均平 罗春雷 杨襄壁 黄开启	2000 - 01 - 29
196	液压静力沉桩机的支腿机构	ZL99233167.6	胡均平 罗春雷 杨襄壁 黄开启	2000 - 01 - 29
197	用于铝带坯铸轧的电磁感应器	ZL98206362.8	钟掘 毛大恒 丁道隆 郭士安 肖立隆 蔡首军 陈际达 赵啸林 马继伦 陈欠根	1999 - 10 - 30

续表 5－5

序号	专利名称	专利号	发明人	授权时间
198	扒渣机	ZL98207275.9	贺地求 陈明镛 赵啸林 崔鲁川 高云章 余华璋 李建平 谭鹤群 易幼平 刘光连	1999－07－02
199	扭叶低噪声罗茨鼓风机	ZL97238482.0	刘厚根	1999－06－05
200	液压冲击回转机构的防卡阀	ZL97208079.1	杨务滋 杨襄璧 吴万荣 刘顺成	1998－11－28
201	潜孔钻机轴压力调节阀	ZL97238154.6	杨襄璧 吴万荣 胡均平 杨务滋 罗春雷	1998－10－17
202	预节流双向液压锁	ZL96208080.5	杨务滋 吴万荣 刘 忠 刘顺成	1998－05－06
203	中心传动圆锥球磨机	ZL96224895.9	张智铁 刘省秋 母福生 蔡惰泽 邓跃红	1998－05－06
204	胶管接头扣压机	ZL95211111.1	何清华 郭 勇 朱建新	1998－04－09
205	均载浮动钳口装置	ZL96242706.3	何清华 朱建新 郭 勇 陈泽南 龚艳玲	1998－03－12
206	颚式破碎机	ZL96249590.5	母福生	1998－03－05
207	液压凿岩机的自动换挡装置	ZL95237127.8	杨襄璧 胡均平 王 琴 罗松保	1996－08－26
208	步履式行走机构	ZL95236709.2	何清华 郭 勇 朱建新	1996－08－10
209	液压冲击机械的配油锥阀	ZL95237128.6	杨襄璧 罗松保 罗春雷	1996－06－15
210	一种摩擦行星会传动装置	ZL91221277.2	高爱华	1994－04－23

续表 5 - 5

序号	专利名称	专利号	发明人			授权时间
211	残铁开口机	ZL93234257.4	何清华 陈泽南	朱建新 杨务滋	杨襄壁	1994 - 03 - 25
212	水平连铸结晶器	ZL92243340.2	刘义伦			1994 - 01 - 02
213	水平式连续铸造感应电炉二次加热装置	ZL9223545 4.5	李晓谦			1993 - 08 - 09
214	一种凿岩机液压支腿	ZL90215884.8	刘少军 刘世勋	喻曙光	丁建中	1992 - 06 - 17
215	双破碎腔变啮角回转式破碎机	ZL90212803.5	张智铁 刘省秋	蔡惰泽		1991 - 11 - 20
216	钻杆的松润装置	ZL89211598.x	何清华 杨襄壁			1991 - 03 - 20
217	移动式回转破碎机	ZL90211034.9	张智铁 刘省秋	蔡惰泽		1991 - 02 - 13
218	采用分块式破碎板的破碎机	ZL89219006.x	张智铁 刘省秋	蔡惰泽		1990 - 10 - 30
219	带辅助破碎腔的回转式破碎机	ZL89219009.4	张智铁 刘省秋	蔡惰泽		1990 - 09 - 26
220	变啮角单辊破碎机	ZL89219008.6	张智铁 刘省秋	蔡惰泽		1990 - 09 - 26
221	凿岩机	ZL88218617.5	邓新光 齐任贤	刘世勋		1989 - 09 - 20
222	变啮角回转式破碎机	ZL87215214.6	张智铁 刘省秋	蔡惰泽	王志刚	1989 - 01 - 18
223	一种径向滑动轴承	ZL87200930.0	蒋建纯 成日升			1988 - 08 - 27
224	黏土搅拌机组合式叶片	ZL87204341.x	任立军			1988 - 05 - 18

5.6 标志性科研成果简介[*]

5.6.1 1985年度国家科学技术进步一等奖——轧机变相单辊驱动技术及其开发

由本学科古可、钟掘教授领衔的中南工业大学等单位完成,本学科参与完成人员:徐茂岚、陈开平

长期以来,国际上各类轧机的驱动,包括各类带材轧机、现代热连轧机以至精密的铝箔轧机,几乎都沿用传统的驱动理论,对箔带轧制中出现的一些奇异现象无法解释,更难以消除驱动系统中出现的某些故障。因此,国外将箔材轧制称之为"灰色领域"。1977年,古可、钟掘教授在研究中发现:轧机驱动系统的实际力学状态,不能简单地用传统理论的机械传递关系来确定,必须重新建立由轧制中的金属变形条件、系统模态、轧辊特性等所确定的驱动力学模型。经反复试验研究,他们于1978年首次确立箔带轧机"变相单辊驱动"新理论,同时提出驱动系统中存在"附加封闭力矩""涡流效应""辊面搓振"等轧机驱动领域中的新概念。这一理论,深刻地揭示了极限轧制领域的重要规律,阐述了无辊缝轧制中现有驱动系统形为双辊驱动、实为单辊驱动的本质,成功地解释了箔带轧制中扭矩变向的奇异现象,从而使沉默多年的驱动理论活跃起来。

在对武钢引进的新日铁热连轧机不能投产的异常重大故障分析中,发现并论证了轧机驱动系统的异常严重损坏是因为其间出现巨大附加力流,应用这一认识论证了新日铁热连轧机不能投产的异常重大故障是日方技术造成系统中出现异常附加载荷,据此向日方技术索赔成功。并从本质上消除了巨大力流产生机制,根除了轧机异常损坏问题。他们从实践中进行综合分析和理论概括,提出铝箔精轧机最佳驱动为单辊驱动的系统构思和对策。经东北轻合金加工厂铝箔中、精轧及在引进高速轧机上进行工业性生产试验,均取得了显著效果:节能 11.5% ~ 17%,断带现象明显减少,铝箔机械强度提高 15% ~ 17%,成品率提高 5%。上述试验结果突破了国际上长期以来关于辊径差 $\Delta D < 0.02$ mm 的限定,实际可增大 100~150 倍。他们将变相单辊驱动理论开发成技术用于生产,在冶金机械等 5 个行业获得广泛应用,取得的经济效益十分显著。

5.6.2 2007年度国家科学技术进步一等奖——铝资源高效利用与高性能铝材制备的理论与技术

由本学科钟掘院士领衔的中南大学等单位完成,本学科参与完成人员:黄

---

[*] 按获奖等级、类别、时间先后排序。

明辉

我国铝产量世界第一，但优质铝土矿资源保证年限不到 10 年、铝冶金能耗比国外高 10%、高性能铝材 70% 依靠进口，严重威胁国家经济与国防安全。该项目形成 4 组重要创新技术：

1. 铝硅矿物浮选分离理论和技术。发明多键合型硅酸盐矿物捕收剂、螯合型铝矿物浮选药剂，构建浮选分离溶液化学体系，创建铝土矿浮选分离成套技术，在世界上首次实现铝土矿浮选工业应用。

2. 高效节能铝冶金新技术。发明晶种诱导－晶型重构铝酸钠溶液脱硅、聚集体诱导生产高品质氧化铝、常温固化 TiB_2 涂层阴极和抗氧化低电阻碳素阳极制备技术。

3. 铝材基体多场调控技术。研发多场调控半连铸和异型材挤压成形技术，发明剪切驱动控制析出晶粒取向调控技术。

4. 高强铝合金多尺度多相强韧化技术。确立多尺度多相组织最佳模式，研发强化结晶相固溶、晶界预析出、共格强化与多元弥散相强韧化技术。

发明 67 项专利、7 项成套技术，研制了 16 种重点工程铝材，3 年创利税 116.75 亿元。

首创铝土矿浮选分离成套技术，将可利用铝资源的保证年限由 10 年增加到 60 年；铝冶金新技术可节能、减排各 10%，使铝冶金由技术引进型转变为自主创新型；铝材制备系列自主创新技术，使我国铝材性能与国际接轨，打破国外垄断与封锁，满足国家重大工程需求。

5.6.3 　2002 年度国家技术发明二等奖——铝带坯电磁场铸轧装备与技术

由本学科钟掘院士领衔的中南大学等单位完成，本学科参与完成人员：毛大恒、赵啸林

该项目属材料制备机械领域，为高性能铝板带材坯料生产提供一种新的装备与技术。该课题立足于发扬常规铸轧节能、投资少的突出优势，从材料组织形成的能量规律，寻找常规铸轧技术缺陷的本质原因，通过创造新的载能装备，向铸轧过程注入新的能量，改变铸轧区的能场结构，使铸轧过程出现新的材料微流变机制，以获得优良的组织结构和性能，为高性能铝板带材提供性价比高的铝带坯。

20 世纪 80 年代初课题组实验发现，在特定频段上的电磁场能量易为铝熔体吸收，转化为形核、流变能量，改善细观组织，同时研究了特殊电磁场载能装备原理和结构的可行性。在上述基础上形成了将电磁场施加到连续铸轧中的技术构思，相继开展电磁场铸轧原理、技术和装备的系统研究开发。在 1996 年到 2001 年期间，完成工业试验并投入工业生产应用。

本项目首次在常规铸轧环境中输入变频组合磁场,发现了铝熔体[铸－轧]流变行为中由此出现的新机制和规律,发明了铝带坯电磁场铸轧装备与技术,获得性能优良的铝热带卷。主要成果要点如下:,

1. 发明了铝带坯电磁场铸轧新工艺技术,形成铸轧过程新机理,建立起电磁场连续铸轧材料制备新方法。

2. 发明了一种产生瞬变组合磁场的电磁感应器。该感应器在铸轧区前沿的辊缝中同时形成脉振磁场与行波磁场,主频率与行波导向频率可分别随机切换。

3. 发明了一种将电磁能高密度聚集的定向引导机构,将磁力线高密度约束于[凝固－轧制]连续流变区。

4. 发明了一种复杂电磁场多参数多形态控制系统。系统由电流波形控制、频率成分随机控制、磁序随机控制和接触电势差控制四部分组成,能对磁场形态、频率、幅值作多种调控,使感应电磁场具有瞬态变化的能量梯度。

5. 获得品质优良的铸轧铝带坯。

这项发明创造了一个铝材超常制备的新方法,实现了传统铸轧工艺与技术的突破与跨越。这项成果的推广对改造我国传统铝板带生产,促进整个铝加工行业上新的台阶具有重要的意义。

5.6.4 1995 年度国家科学技术进步二等奖——双机架铝热轧现代改造和新技术开发

由西南铝加工厂与中南工业大学合作完成,本学科主要参与完成人:钟掘院士

该项目自行研制、设计的总体工艺技术、总体装备方案独具特色,优于国外日本石川岛株式会社和德国克虏伯公司的方案。项目在改造规划、工艺流程、工艺与设备的技术方案和技术参数的确定及组织实施、现场管理等诸方面,创造性地将国外先进技术与西南铝加工厂的条件相结合,把 20 世纪 50 年代技术改建成具有国际 80 年代先进水平、军民产品相结合的大型生产线,生产能力由 8 万吨/年跃至 26 万吨/年,属国内首创,成为唯一能生产各种铝及铝合金的高质量、多规格板带卷材的生产基地,为国内企业进行现代化技术改造提供了成功的范例,有广泛的社会效益及推广应用前景。

在改造后的热粗轧——热精轧生产线上,先后自主开发硬合金纵向压延技术;硬合金特宽板热轧技术以及高性能特薄铝板热轧坯料的生产技术;开发和编制了全套计算机生产工艺软件;成功地生产出优等质量的 3004 制罐板用热轧卷,填补了国内空白。产品厚度精度高(纯铝为 2.5 ± 0.02 mm,铝合金为 2.5 ± 0.035 mm),表面质量好,内部组织均匀,卷重每毫米宽达 6.5 公斤,产品各项指标均达到国际标准。从根本上扭转了 3004 制罐料长期进口的局面,并为航空工业提供的硬铝合金板材上了一个档次。

在技术装备上,将原有单独的 2800 mm 热轧机、2800 mm 冷轧机改造成一条统一的热粗轧——热精轧生产线,铸锭重量由原来的 3.3 t 提高到 11.9 t,生产效率、产品质量和成品率显著提高。充分利用了原有设备,采取了加大轧制力滚边,加大乳液流量等许多独特的措施,并增加了液压 Agc、支承辊偏心补偿、清刷辊、工作辊正负弯辊、液压侧导尺等装置,并配备了压力、流量、速度、位置等自动检测系统,全轧线采用大型工业计算机进行分区集中控制,具备全自动、半自动、手动三种操作方式,其装备达到国际八十年代末水平。

该项目具有显著的经济效益和社会效益,其中节省由外国公司提供工艺软件和设计所需外汇 1000 万美元,因产品质量的提高等原因与改造前同等条件比较每年新增利税约 1800 万元,达产后,热轧工序每年可创效益 6200 万元。该项目改造仅投资 0.95 亿元,如全由国外改造,则需投资约 2.5 亿元,新建类似生产线则约需 3.5 亿元,吨产品节能 56 kWh。

5.6.5　1996 年度国家科学技术进步二等奖——高性能特薄铝板

由西南铝加工厂联合中南工业大学等单位合作完成,本学科主要参与完成人:钟掘院士

该项目为开发满足“高性能特薄铝板”要求的高性能优质热轧带材,并以此为龙头,以 3004 制罐板生产核心技术——热轧工艺的开发为中心,对国内首条热粗轧——热精轧生产线的工艺技术及控制轧制技术进行全面的开发与优化。具有如下特点:

1. 查明并掌握了 3004 罐体材的组织、性能、织构与制罐性能的动态演变过程和工艺规律,深入研究了轧制过程中铝板、轧辊和轧制润滑液这一复杂摩擦系统的相互耦合作用以及铝板表面的摩擦机理,成功地开发出其生产核心技术——热轧生产工艺,产品、工艺及润滑技术均达到国际先进水平。

2. 所研制开发的基于辊缝动态优化设计的热精轧板形板凸度控制技术及专家系统,开创了通过工艺软件控制板形板凸度的成功范例,获得了良好的控制效果,板形平立,板凸度控制在 0.2% ~0.8% 的范围内,达到了国际先进水平。

3. 开发的新型接触式在线测温系统,达到响应时间 <15 s,测温精度 <1% 的指标,居于国内领先水平。在消化吸收的基础上,成功地实现了对引进日本红外测温系统的改造和技术再开发,使测温精度 <5 ~7℃,解决了在铝及铝合金中红外测温技术的应用技术难题,满足了使用要求,具有国际领先地位。

4. 查明并掌握了铸锭铣面质量、轧辊粗糙度、乳液润滑状态、清刷辊及张力等对热轧板带表面质量的影响规律及摩擦润滑机制,开发形成的表面质量控制技术及专家系统,实现了对板带表面质量的优化控制,达到了国际先进水平。

5. 在消化吸收热精轧 Agc 厚控系统技术的基础上,成功地进行了 Agc 技术的

再开发并建立热粗轧、热精轧厚控技术专家系统,使板带的厚控精度<0.8% ~ 1.2%,完成厚控目标并达到国际先进水平。

6.通过本专题技术的全面开发和优化,形成了具有国际先进水平的热粗轧——热精轧生产工艺、控制轧制及润滑技术,实现了以产顶进,填补国内空白的目标,并获得了良好的经济及社会效益;迄今为止,已累计生产高性能特薄铝板热轧带材 62080 t,完成产值 105540 万元,实现利税 5587 万元。

5.6.6 2003 年度国家科学技术进步二等奖——高性能液压静力压桩机的研制及其产业化

由本学科何清华教授领衔的中南大学等单位完成,本学科参与完成人员:朱建新、郭勇、陈欠根、龚进、吴万荣、龚艳玲、周宏兵、黄志雄、邓伯禄

该项目属于土木工程机械与设备的桩工机械。静力压桩法就是完全依靠静载将预制桩平稳、安静地压入软弱地基的一种桩基础施工工法。液压静力压桩机是实施该工法的一种新型关键设备,具有无震动、无噪声、无油污飞溅等环境污染、效率高、质量好、费用低等特点。针对施工现场中遇到的实际问题,创新设计,取得了 6 项原创性的拥有自主知识产权的专利技术成果,主要包括准恒功率设计理论及其压桩系统、均载联动及自动复位步履式行走底盘、多点均压式夹桩技术及装置、边桩角桩处理技术及装置、H 形钢桩夹持技术及装置等核心技术及其创新机构,使项目产品具有高效节能、多功能作业、环保施工、成桩质量高等显著特点。

项目成果经过近 10 年研究开发与推广应用,已完成从样机研制、工业试验、推广应用、系列开发到产业化的全过程。随着我国经济的持续发展,基础建设投入力度进一步加大和环保观念的不断深入人心,预示着该项目应用前景更加广阔,必将产生更大的经济效益和社会效益。

5.6.7 2005 年度国家科学技术进步二等奖——巨型精密模锻水压机高技术化与功能升级

由本学科黄明辉教授领衔的中南大学等单位完成,本学科参与完成人员:吴运新、谭建平、刘少军、周俊峰、张友旺、张材。

该成果是自 1988 年以来对我国巨型精密模锻水压机生产线关键核心设备理论研究和高技术化改造的总成。项目实施瞄准 3 个目标:

1.查明 3 万吨水压机的真实工作能力与技术薄弱环节;

2.分步改造提升水压机的整体能力、精度控制与操作自动化水平;

3.通过工艺优化,实现超大锻件的精密制造。

主要完成以下内容:3 万吨模锻水压机的运行测试、系统建模与动能分析;

主工作缸工况物理模拟、强度评估与强化承载技术；高精度同步与位置控制系统设计研制；水压机在线保护系统与承载保护系统研制；特大锻件的精密模锻及工艺创新。

该成果在全面揭示与掌握水压机运行与模锻工艺和锻件质量的耦合规律基础上，对锻造全过程的精确实现研发和配置了多套技术与装备，全面提升了水压机的实际锻造能力和锻件质量，在国防和经济建设中发挥了不可替代的作用。该成果的研究和新技术开发成果具有一定的通用性，可以方便地移植到各类型水压机的技术改造和功能升级上，同时也可为新水压机的设计制造、现有水压机的锻压工艺的优化，提供理论依据和技术参考。

5.6.8 1989 年度国家技术发明三等奖——全液压凿岩技术优化设计及其装置

完成单位为中南工业大学，完成人均为本学科人员，主要有：杨襄璧、杨务滋、何清华、陈泽南

全液压凿岩技术优化设计及其装置属于采掘机械设备领域系列发明，主要用于液压凿岩机和全液压钻车等岩石工程机械。该课题组从 20 世纪 70 年代开始研究全液压凿岩设备，80 年代取得重大突破，开发了 YYG90、YYG250、CGJ2Y、CGJS2Y、CGJ252Y、CLY120、SYZ30 等各种液压凿岩机和全液压凿岩钻车，并在湘东钨矿、汝城钨矿、柿竹园多金属矿、攀枝花铁矿、铁道部第二工程局等单位得到了广泛的应用。

该系列发明主要内容如下：

1. 抽象设计变量优化法，用于液压凿岩机设计和评价，冲击效率高达 52%。

2. 高压蓄能器优化设计，降低蓄能器隔膜的脉动频率，减小高压胶管的振动，提高使用寿命 1 倍以上。

3. 两级防空打及反弹缓冲装置，减小了机器的振动，工作噪声降至 96 分贝。

4. 压差式柱阀配油和压差式锥阀配油两种机构，阀的消耗能量小，提高了冲击效率。

5. 折线形无死区钻臂及其控制系统，扩大了钻臂工作范围。

6. 钻臂自动平移技术，平行误差小于 1%，提高了爆破效率。

7. 液压集成控制系统及其装置，实现了恒压变量及单孔循环自动化，节省了能量，提高了凿岩工作效率。

该系列发明形成了独特的设计体系，奠定了液压凿岩设备的理论基础，开发的新产品达到了国外同类产品的先进水平，在国内矿山和铁路建设中发挥了重大作用，取得了巨大的经济效益，为国家年增收节支 2.4 亿元。该系列发明为国家每年可节能 3 亿度，并减低了噪声与粉尘，减轻了工人的劳动强度，社会效益十分明显。

5.6.9 1989 年度国家科学技术进步三等奖——铁路隧道小断面全液压凿岩钻车（附配套集成阀）

由铁道部第二工程局与中南工业大学等单位合作完成，本学科参与完成人：杨襄璧、陈泽南、杨务滋

铁路隧道小断面全液凿岩钻车和液压凿岩机集成控制阀项目于 1984 年开始，由中南工业大学与铁道部第二工程局联合研究，由广东有色冶金机械厂和邵阳液压件厂等单位分别试制，到 1986 年至已生产 CGJS - 2Y 型钻车 12 台，分别在宝成线熊家河隧道，外福线前洋隧道，横南线分水关隧道使用。

外福线前洋隧道全长 3000 多米，全部采用 CGJS - 2Y 型钻车等国产化机械设备施工，仅用两年多的时间就贯穿全程，受到了铁道部的特别嘉奖。我校科研人员与铁二局工程技术人员一起，冒着各种危险连续两年奋战在施工第一线，得到施工单位员工的一致好评，为国家重点工程建设作出了较大的贡献。

1986 年 11 月至 1987 年 11 月，两台 CGJS - 2Y 型钻车在外福线前洋隧道出口进行工业性试验，累计工作 612 台班，作业 1584 小时，凿孔 34017 个，共计 71056 米，平均钻孔速度 1.2 m/min，超过了项目的预定技术指标。

1987 年 12 月，铁路隧道小断面全液凿岩钻车和液压凿岩机集成控制阀分别通过了铁二局鉴定，1988 年 12 月升级为铁道部部级鉴定，鉴定结论为：其主要技术性能达到了国外同类产品的先进水平。

5.6.10 1991 年度国家科学技术进步三等奖——软铝加工新工艺新设备（连续挤压）的研究

由本校左铁镛院士领衔的中南工业大学等单位完成，本学科主要参与完成人：孙宝田

该项目为国家"七五"重点科技攻关项目和国家"八五"重点新技术推广项目。连续挤压工艺是 20 世纪 70 年代发明的一种新型的金属加工技术，是继连续轧钢、连续铸造之后的又一重大技术突破。同传统的卧式挤压工艺相比，连续挤压有许多突出的优点，被誉为"有色金属加工技术的一项重大革新"，获得相当迅速的发展。它能以杆料、颗粒料为坯料，或与连续铸造直接结合，挤压各种长度不限的线材，中小管、棒、型材。这种加工工艺具有能耗低，材料利用率高，产品质量优良，生产率高，投资少，收效快等一系列优点。中南工业大学等六个单位经过努力，研究成功了具有 80 年代国际先进水平的我国第一条连续挤压生产线，为我国有色金属加工工业的技术开发、推广应用作出了贡献。

在消化吸收引进设备的基础上，我国自行研制成功的 LJ - 300 连续挤压生产线及软铝、铝合金生产工艺，以及我国第一台杆料和颗粒料两用的 KLJ250 连续

挤压机，填补了国内空白，均已达到 80 年代国际先进水平，所研制的连续挤压设备完全可以代替进口设备。已开发铝合金电磁扁线、电冰箱铝管和汽车空调散热器用多孔铝合金扁管等 3 大系列、10 多个规格的新规格产品。较全面地掌握了软铝合金连续挤压的关键技术，并在全国推广 40 多条生产线。

5.7　代表性论文

2000 年以来被检索的论文

1. Y. L. Liu, The influence of some key parameters on fatigue life of common metallic components, Journal of Central South University of Technology, 2000, 7, 3, 159 – 161.

2. S. X. Zhou, J. Zhong, G. L. Liu, Investigation of model error on calculating strip profile in 4 – high mills, Steel Research, 2000, 71, 10, 403 – 409.

3. J. J. He, S. Y. Yu, J. Zhong, Harmonic current's coupling effect on the main motion of temper mill set, Journal of Central South University of Technology, 2000, 7, 3, 162 – 164.

4. S. H. He, J. A. Duan, J. Zhong, Efficient approach for dynamic simulation of complex fluid networks in frequency domain, Transactions of Nonferrous Metals Society of China, 2000, 10, 6, 838 – 841.

5. S. J. Liu, M. S. Zhu, J. F. Zhou, Optimal control of hydraulic position system employing high speed On/Off solenoid valve, Journal of Central South University of Technology, 2000, 7, 1, 46 – 48.

6. P. Liao, S. Y. Yu, J. Zhong, Calculating method of circle radius using genetic algorithms, Transactions of Nonferrous Metals Society of China, 2000, 10, 1, 127 – 129.

7. J. X. Zhu, H. Q. Zhao, Y. Guo, Q. H. He, Hydraulic impactor with impact energy and frequency adjusted independently and steplessly, Transactions of Nonferrous Metals Society of China, 2000, 10, 4, 566 – 569.

8. J. Zhong, Progress in the basic research of improving aluminium quality, Rare Metal Materials and Engineering, 2001, 30, S, 42 – 55.

9. D. H. Mao, H. Z. Yan, X. L. Zhao, Z. H. Zhu, J. Zhong, Crystallization in aluminum roll – casting processes under electromagnetic disturbance and texture evolution of roll – casting strips, International Journal of Materials & Product Technology, 2001, 2, 482 – 487.

10. D. H. Mao, W. J. Wang, J. P. Tan, J. Cheng, Ordered molecular layer structure of lubricating oil adsorbed films, Transactions of Nonferrous Metals Society of China, 2001, 11, 1, 58 – 62.

11. X. Q. Li, L. H. Zhan, S. C. Hu, G. L. Deng, Modeling and simulating for the temperature field in casting tip during continuous roll casting, International Journal of Materials & Product Technology, 2001, 2, 676 – 681.

12. L. Li, K. L. Huang, L. Qu, W. Y. Shu, Synthesis and tribological properties of antimony N, N – diethanoldithiocarbamate, Transactions of Nonferrous Metals Society of China, 2001, 11, 6, 946 – 949.

13. M. H. Mao, J. P. Tan, Unsteady lubricating modeling of inlet zone in metal rolling processes, Science in China Series A – Mathematics Physics Astronomy, 2001, 44, S, 49 – 57.

14. B. Y. Jiang, B. Y. Huang, Drag material change in hot runner injection molding, Transactions of Nonferrous Metals Society of China, 2001, 11, 4, 525 – 528.

15. H. L. Zhang, X. Y. Qiu, G. J. Tan, Forecasting method of fatigue life test data for metal materials, Transactions of Nonferrous Metals Society of China, 2001, 11, 6, 873 – 875.

16. J. Zhong, Z. G. Hu, X. Li, Research on theory and method in parallel designing environment based on coupling, Journal of Central South University of Technology, 2002, 9, 2, 123 – 127.

17. J. Zhong, A. L. Wang, Y. X. Wu, J. A. Duan, Micro scale design and experimental research of rolling interface, Transactions of Nonferrous Metals Society of China, 2002, 12, 1, 21 – 25.

18. J. Zhong, H. Z. Yan, J. A. Duan, L. J. Xu, W. H. Wang, P. L. Chen, Industrial experiments and findings on temper rolling chatter, Journal of Materials Processing Technology, 2002, 120, 1 – 3, 275 – 280.

19. J. J. He, S. Y. Yu, J. Zhong, Analysis of electromechanical coupling facts of complicated electromechanical system, Transactions of Nonferrous Metals Society of China, 2002, 12, 2, 301 – 304.

20. J. J. He, S. Y. Yu, J. Zhong, Modeling for driving systems of four – high rolling mill, Transactions of Nonferrous Metals Society of China, 2002, 12, 1, 88 – 92.

21. S. H. He, X. Y . Li, J. Zhong, Identification of ARMAX based on genetic algorithm, Transactions of Nonferrous Metals Society of China, 2002, 12, 2, 349 – 355.

22. Y. X. Wu, J. A. Duan, Frequency modulation of high – speed mill chatter, Journal of Materials Processing Technology, 2002, 129, 1 – 3, 148 – 151.

23. L. H. Zhan, X. Q. Li, S. C. Hu, J. Cao, Modeling for thermal contact resistance of frictional interface under high temperature and high pressure, Transactions of Nonferrous Metals Society of China, 2002, 12, 3, 489 – 493.

24. Q. Y. Wang, J. P. Tan, Y. G. Xiong, Z. Yun, Theoretical analysis based on a modified mixed – film lubrication model for metal forming processes, Transactions of Nonferrous Metals Society of China, 2002, 12, 5, 936 – 940.

25. M. Z. Mao, J. P. Tan, Unsteady lubrication modeling of inlet zone in metal rolling processes, Transactions of Nonferrous Metals Society of China, 2002, 12, 1, 57 – 61.

26. L. Li, S. J. Liu, J. F. Yao, Kinematic simulation of COMRAV's self – propelled vehicle of deep ocean mining system, Proceedings of the Fifth ISOPE Pacific/ Asia Offshore Mechanics Symposium, 2002, 89 – 95.

27. Y. H. Zhou, Q. H. He, B. L. Deng, Trial mountain climbing algorithm for solving the inverse kinematics of redundant manipulator, Journal of Central South University of Technology, 2002, 9, 4, 285 – 288.

28. H. P. Tang, D. Y. Wang, J. Zhong, Investigation into the electromechanical coupling unstability of a rolling mill, Journal of Materials Processing Technology, 2002, 129, 1 – 3, 294 – 298.

29. H. P. Tang, R. Ding, Y. X. Wu, J. Zhong, Investigation for parametric vibration of rolling mill, Transactions of Nonferrous Metals Society of China, 2002, 12, 3, 485 – 488.

30. H. P. Tang, H. Z. Yan, J. Zhong, Storsional self – excited vibration of rolling mill, Transactions of Nonferrous Metals Society of China, 2002, 12, 2, 291 – 293.

31. S. X. Zhou, J. Zhong, D. H. Mao, P. Funke, Experimental study on material properties of hot rolled and continuously cast aluminum strips in cold rolling, Journal of Materials Processing Technology, 2003, 134, 3, 363 – 373.

32. G. W. Cai, J. Zhong, Global coupled equations for dynamic analysis of planishing mill, Transactions of Nonferrous Metals Society of China, 2003, 13, 1, 14 – 19.

33. J. J. He, S. Y. Yu, J. Zhong, Control parameter optimal tuning method based on annealing – genetic algorithm for complex electromechanical system, Journal of Central South University of Technology, 2003, 10, 4, 359 – 363.

34. D. H. Mao, H. Z. Yan, X. L. Zhao, Z. H. Zhu, J. Zhong, The principle and technology of electromagnetic roll casting, Journal of Materials Processing Technology, 2003, 138, 1 – 3, 605 – 609.

35. D. H. Mao, Y. M. Wen, Effects of rolling technical factors on microstructures and mechanical properties of aluminum foils, Transactions of Nonferrous Metals Society of China, 2003, 13, 2, 239 – 244.

36. Y. X. Wu, J. Zhong, C. Conti, P. Dehombreux, Quasi – mode shape based dynamic finite element model updating method, Journal of Materials Processing Technology, 2003, 138, 1 – 3, 518 – 521.

37. M. H. Huang, X. Q. Li, D. H. Mao, G. L. Deng, S. C. Hu, X. H. Li, L. H. Zhan, Research and development of transnormal twin roll – casting technology, Transactions of Nonferrous Metals Society of China, 2003, 13, 3, 532 – 540.

38. X. Q. Li, M. H. Huang, S. C. Hu, Z. H. Zhu, L. H. Zhan, J. Zhong, Modeling and simulating of the fast roll casting process, Journal of Materials Processing Technology, 2003, 138, 1 – 3, 403 – 407.

39. G. L. Deng, G. Wang, J. A. Duan, A new algorithm for evaluating form error: the valid characteristic point method with the rapidly contracted constraint zone, Journal of Materials Processing Technology, 2003, 139, 1 – 3, 247 – 252.

40. L. H. Zhan, X. Q. Li, Heat transfer analysis for the roller shell under the condition of periodic thermal shock, Journal of University of Science and Technology Beijing, 2003, 10, 6, 44 – 47.

41. S. C. Hu, M. H. Huang, X. Q. Li, J. Zhong, Waveguide mechanism and design of thermal contact resistance at metal rheologic interface, Transactions of Nonferrous Metals Society of China, 2003, 13, 3, 579 – 584.

42. C. J. Shuai, G. Xiao, Z. S. Ni, J. Zhong, Application of computer – aided engineering optimum design method in aluminum profile extrusion mould, Journal of Central South University of Technology, 2003, 10, 1, 64 – 68.

43. S. J. Liu, G. Wang, L. Li, Z. Y. Wang, Y. Xu, Virtual reality research of ocean poly – metallic nodule mining based on COMRA's mining system, Proceedings of the Fifth ISOPE Ocean Mining Symposium, 2003, 104 – 111.

44. Z. Y. Wang, S. J. Liu, L. Li, B. H. Yuan, G. Wang, Dynamic simulation of COMRA's self – propelled vehicle for deep ocean mining system, Proceedings of the Fifth ISOPE Ocean Mining Symposium, 2003, 112 – 118.

45. B. Y. Jiang, J. Zhong, B. Y. Huang, X. H. Qu, Y. M. Li, Element modeling of FEM on the pressure field in the powder injection mold filling process,

Journal of Materials Processing Technology, 2003, 137, 1 − 3, 74 − 77.

46. A. L. Wang, J. A. Duan, M. H. Huang, J. Zhong, New trends and problems in material processing machine design theory, JOURVAL of Jishou Unirersity (Natural Sciences Edition), 2003, 24, 4, 27 − 30.

47. X. B. Liu, D. H. Mao, J. Zhong, Turbulence flow and heat transfer of aluminum melt in tip cavity in process of thin − gauge high − speed casting, Transactions of Nonferrous Metals Society of China, 2004, 14, 5, 940 − 944.

48. D. H. Mao, W. J. Wang, J. Zhong, Y. Mao, Effects of electromagnetic field on aluminum alloys liquid − solid continuous rheological structure evolution, Materials Science and Engineering A − Structural Materials Properties Microstructure and Processing, 2004, 385, 1 − 2, 22 − 30.

49. J. A. Duan, J. Zhong, Coupling analysis of tribology and dynamics in rolling interface, Journal of Wuhan University of Technology − Materials Science Edition, 2004, 19, S, 72 − 75.

50. J. A. Duan, C. J. Shuai, J. Y. Miao, J. Zhong, Structure analysis of optical fiber coupler with infrared spectrometry, Journal of Central South University of Technology, 2004, 11, 3, 328 − 331.

51. L. Han, J. Zhong, A. Voloshin, Image analysis and data processing of time series fringe pattern of PCBs by using moire interferometry, 6th IEEE CPMT Conference on High Density Microsystem Design and Packaging and Component Failure Analysis, 2004, 141 − 145.

52. J. P. Li, G. L. Deng, Technology development and basic theory study of fluid dispensing − a review, 6th IEEE CPMT Conference on High Density Microsystem Design and Packaging and Component Failure Analysis, 2004, 198 − 205.

53. G. L. Deng, J. H. Xie, J. Zhong, An experimental system for the mechanism research of contact fluid dispensing dot, 6th IEEE CPMT Conference on High Density Microsystem Design and Packaging and Component Failure Analysis, 2004, 206 − 212.

54. H. X. Li, H. Deng, J. Zhong, Model − based integration of control and supervision for one kind of curing process, IEEE Transactions on Electronics Packaging Manufacturing, 2004, 27, 3, 177 − 186.

55. J. H. Li, J. P. Tan, L. Han, J. Zhong, The characteristics of ultrasonic vibration transmission and coupling in bonding technology, 6th IEEE CPMT Conference on High Density Microsystem Design and Packaging and Component Failure Analysis, 2004, 311 − 315.

56. J. H. Li, L. Han, J. Zhong, Studies of microstructure characteristics and

evolutions at the bond interface in bonding technology, 6th IEEE CPMT Conference on High Density Microsystem Design and Packaging and Component Failure Analysis, 2004, 316 – 321.

57. F. L. Wang, L. Han, J. Zhong, Computer – based data acquisition for wire bonding studies, 6th IEEE CPMT Conference on High Density Microsystem Design and Packaging and Component Failure Analysis, 2004, 227 – 230.

58. Z. L. Long, Y. X. Wu, L. Han, J. Zhong, Measurement of driving electrical signal and input impedance analysis of PZT transducer in thermosonic bonding, 6th IEEE CPMT Conference on High Density Microsystem Design and Packaging and Component Failure Analysis, 2004, 322 – 325.

59. S. J. Liu, Z. H. Huang, Y. Z. Chen, Automobile active suspension system with fuzzy control, Journal of Central South University of Technology, 2004, 11, 2, 206 – 209.

60. Z. J. Yang, Q. H. He, B. Liu, Dynamic characteristics of hydraulic power steering system with accumulator in load – haul – dump vehicle, Journal of Central South University of Technology, 2004, 11, 4, 451 – 456.

61. S. H. He, J. Zhong, Modeling and identification of HAGC system of temper rolling mill, Journal of Central South University of Technology, 2005, 12, 6, 699 – 704.

62. S. X. Zhou, Y. P. Yi, J. Zhong, C. Plociennik, Mathematical modeling of draft schedule for in – line rolling of ultra thin strip in the combined single – belt casting/hot rolling process, ISIJ International, 2005, 45, 1, 45 – 51.

63. X. B. Liu, D. H. Mao, J. Zhong, Development and application of coupling model of aluminum thin – gauge high – speed casting, Transactions of Nonferrous Metals Society of China, 2005, 15, 3, 485 – 490.

64. D. H. Mao, H. Feng, X. Y. Sun, Preparation of hyperthermal lithium complex grease, Transactions of Nonferrous Metals Society of China, 2005, 15, 6, 1361 – 1366.

65. X. Z. Lai, Y. X. Wu, J. H. She, M. Wu, Control design and comprehensive stability analysis of acrobots based on Lyapunov functions, Journal of Central South University of Technology, 2005, 12, S1, 210 – 216.

66. J. A. Duan, D. F. Liu, J. Zhong, Influences of polishing on return loss of optical fiber connectors, Journal of Central South University of Technology, 2005, 12, 3, 320 – 323.

67. L. Han, A. Voloshin, R. Pearson, Optical measurements for micro – and

opto – electronic packages/substrates, Proceedings of the Seventh IEEE CPMT Conference on High Density Microsystem Design, 2005, 385 – 389.

68. H. Q. Zhou, L. Han, J. Zhong, Experimental studies of frequency characteristic on transducer power supply and vibration system in ultrasonic bonding system, Proceedings of the Seventh IEEE CPMT Conference on High Density Microsystem Design, 2005, 426 – 429.

69. L. Han, J. Zhong, J. Shakespeare, R. Pearson, Non – contact topography measurements due to thermal deformation in bonded structures, Proceedings of the Seventh IEEE CPMT Conference on High Density Microsystem Design, 2005, 438 – 441.

70. Y. M. Xia, Y. Y. Bu, Z. G. Ma, H. M. Zao, B. W. Luo, Modeling and simulation of ocean mining subsystem based on virtual prototyping technology, Journal of Central South University of Technology, 2005, 12, 2, 176 – 180.

71. Y. M. Xia, Y. Y. Bu, H. M. Zhao, X. Y. Qin, The study on distribution law of crushing graininess for roller – mining head cutting cobalt crust, Proceedings of the Sixth (2005) ISOPE Ocean Mining Symposium, 2005, 195 – 198.

72. J. P. Li, J. Y. Huo, F. L. Wang, L. Han, J. Zhong, Synchronization trigger system design of the thermosonic flip – chip bonding, 8th IEEE CPMT Conference on High Density Microsystem Design and Packaging and Component Failure Analysis, 2005, 70 – 73.

73. G. L. Deng, F. Geng, J. Zhong, Simulation and experiment study of capillary flow en underfill filling process, International Conference on Mechanical Engineering and Mechanics, 2005, 1 – 2, 1412 – 1417.

74. G. L. Deng, H. X. Cui, Q. F. Peng, J. Zhong, Experiment study influences of some process parameters on dispensing dots consistency in contact dispensing process, Proceedings of the Seventh IEEE CPMT Conference on High Density Microsystem Design, 2005, 396 – 402.

75. G. L. Deng, J. Zhong, Analysis and modeling non – newtonian fluid transferring process and dot formation in contact dispensing, Proceedings of the Seventh IEEE CPMT Conference on High Density Microsystem Design, 2005, 430 – 437.

76. H. Deng, H. X. Li, G. R. Chen, Spectral – approximation – based intelligent modeling for distributed thermal processes, IEEE Transactions on Control Systems Technology, 2005, 13, 5, 686 – 700.

77. Y. P. Yi, W. Seemann, R. Gausmann, J. Zhong, Development and analysis of a longitudinal and torsional type ultrasonic motor with two stators, Ultrasonics, 2005,

43, 8, 629 – 634.

78. Y. P. Yi, W. Seemann, R. Gausmann, J. Zhong, A new hybrid piezoelectric ultrasonic motor with two stators, Journal of Central South University of Technology, 2005, 12, 3, 324 – 328.

79. S. X. Zhou, Y. P. Yi, J. Zhong, C. Plociennik, Mathematical modeling of draft schedule for in – line rolling of ultra thin strip in the combined single – belt casting/hot rolling process, ISIJ International, 2005, 45, 1, 45 – 51.

80. L. H. Zhan, J. Zhong, X. Q. Li, M. H. Huang, Rheological behavior of continuous roll casting process of aluminum alloy, Journal of Central South University of Technology, 2005, 12, 6, 629 – 634.

81. J. H. Li, S. Z. Min, L. Han, J. Zhong, Characteristics of ultrasonic vibration transmission in bonding process, Journal of Central South University of Technology, 2005, 12, 5, 567 – 571.

82. J. H. Li, L. Han, J. Zhong, Interface structure of ultrasonic wedge – bonding joints of Ni/Al, Transactions of Nonferrous Metals Society of China, 2005, 15, 4, 846 – 850.

83. J. H. Li, L. Han, J. Zhong, Atomic diffusion properties in Al/Ni & Au/Al bond interface, 8th IEEE CPMT Conference on High Density Microsystem Design and Packaging and Component Failure Analysis, 2005, 466 – 470.

84. J. H. Li, L. Han, J. Zhong, Features of bonded interface and PZT transducer, 8th IEEE CPMT Conference on High Density Microsystem Design and Packaging and Component Failure Analysis, 2005, 471 – 475.

85. F. L. Wang, L. Han, J. Zhong, Experiments on the bonding interface vibration of thermosonic flip chip, 8th IEEE CPMT Conference on High Density Microsystem Design and Packaging and Component Failure Analysis, 2005, 33 – 35.

86. F. L. Wang, L. Han, J. Zhong, Study of ultrasonic power parameter on the large aluminum wire wedge bonding strength, 8th IEEE CPMT Conference on High Density Microsystem Design and Packaging and Component Failure Analysis, 2005, 42 – 45.

87. Z. L. Long, Y. X. Wu, L. Han, J. Zhong, Vibration simulation of transducer system in thermosonic wire bonding, 8th IEEE CPMT Conference on High Density Microsystem Design and Packaging and Component Failure Analysis, 2005, 419 – 425.

88. Z. L. Long, Y. X. Wu, L. Han, J. Zhong, Joint time – frequency analysis of capillary tip vibration in thermosonic wire bonding, 8th IEEE CPMT Conference on High Density Microsystem Design and Packaging and Component Failure Analysis,

2005, 460 – 465.

89. Y. Y. Bu, C. J. Qiu, H. M. Zhao, Study of compressive strength prediction of cobalt – crust substrate in deep – sea based on distribution characteristics and frequency design, Proceedings of the Sixth ISOPE Ocean Mining Symposium, 2005, 60 – 64.

90. D. Q. Zhang, Q. H. He, P. Hao, X. H. Zhang, Model and control for hydraulic excavator's arm, Fluid Power Systems and Technology Division of the American Society of Mechanical Engineers, 2005, 12, 165 – 170.

91. Y. C. Zhao, H. Z. Yan, Experimental study on wear failure course of gas – valve/valve – seat in engine, Journal of Central South University of Technology, 2005, 12, S1, 243 – 246.

92. H. P. Tang, Y. Q. Peng, Optimal design method for force in vibration control of multi – body system with quick startup and brake, Journal of Central South University of Technology, 2005, 12, 4, 459 – 464.

93. H. L. Xu, Q. H. He, Design and application of a new kind of rolling coupling, Journal of Central South University of Technology, 2005, 12, 3, 335 – 339.

94. R. L. Shen, J. Zhong, Ultra precision polishing of GMR hard – disk magnetic head, 7th International Conference on Electronics Packaging Technology, 2006, 619 – 622.

95. Y. X. Wu, ZL. Long, L. Han, J. Zhong, Temperature effect in thermosonic wire bonding, Transactions of Nonferrous Metals Society of China, 2006, 16, 3, 618 – 622.

96. J. A. Duan, G. H. Cai, C. J. Shuai, The relationship between IR characteristic peak and microstructure of the glass used as optical fiber, Journal of Central South University of Technology, 2006, 13, 3, 238 – 241.

97. L. Han, F. L. Wang, W. H. Wu, J. Zhong, Bondability window and power input for wire bonding, Microelectronics Reliability, 2006, 46, 2 – 4, 610 – 615.

98. R. Z. Gao, L. Han, J. Zhong, Experimental studies on bonding pressure in wire bonding, 8th IEEE CPMT Conference on High Density Microsystem Design and Packaging and Component Failure Analysis, 2006, 176 – 180.

99. L. Han, J. Zhong, Nonlinear behaviors of transducer dynamics for thermosonic bonding, 8th IEEE CPMT Conference on High Density Microsystem Design and Packaging and Component Failure Analysis, 2006, 197 – 204.

100. M. A. Guang, L. Han, H. X. Li, Studies of electrical characteristics of wire bonder transducer by clamp condition and on/off of bonding tool, 8th IEEE CPMT Conference on High Density Microsystem Design and Packaging and Component Failure

Analysis, 2006, 209 – 213.

101. Y. M. Xia, Y. Y. Bu, P. H. Tang, Z. J. Zhou, Z. G. Ma, Modeling and simulation of crushing process of spiral mining head, Journal of Central South University of Technology, 2006, 13, 2, 171 – 174.

102. J. P. Li, Z. S. Zou, F. L. Wang, The design and realization of machine vision system in flip – chip bonder, 7th International Conference on Electronics Packaging Technology, 2006, 707 – 711.

103. H. Deng, H. X. Li, On the new method for the control of discrete nonlinear dynamic systems using neural networks, IEEE Transactions on Neural Networks, 2006, 17, 2, 526 – 529.

104. Y. P. Yi, W. Seemann, R. Gausmann, J. Zhong, A method for matching the eigenfrequencies of longitudinal and torsional vibrations in a hybrid piezoelectric motor, Journal of Sound and Vibration, 2006, 295, 3 – 5, 856 – 869.

105. H. X. Li, H. Deng, An approximate internal model – based neural control for unknown nonlinear discrete processes, IEEE Transactions on Neural Networks, 2006, 17, 3, 659 – 670.

106. H. Huang, H. X. Li, J. Zhong, Master – slave synchronization of general Lur'e systems with time – varying delay and parameter uncertainty, International Journal of Bifurcation and Chaos, 2006, 16, 2, 281 – 294.

107. J. D. Cao, H. X. Li, L. Han, Novel results concerning global robust stability of delayed neural networks, Nonlinear Analysis – Real World Applications, 2006, 7, 3, 458 – 469.

108. Q. M. Li, S. D. Yin, L. Wan, J. A. Duan, Stability analysis and controller design for a magnetic bearing with 5 Degree of Freedoms, 6th World Congress on Intelligent Control and Automation, 2006, 1 – 2, 8015 – 8019.

109. Y. C. Lin, Investigation of the moisture – desorption characteristics of epoxy resin, Journal of Polymer Research, 2006, 13, 5, 369 – 374.

110. Y. C. Lin, X. Chen, Z. P. Wang, Effects of hygrothermal aging on epoxy – based anisotropic conductive film, Materials Letters, 2006, 60, 24, 2958 – 2963.

111. Y. C. Lin, X. Chen, Z. P. Wang, Effects of hygrothermal aging on anisotropic conductive adhesive joints: experiments and theoretical analysis, Journal of Adhesion Science and Technology, 2006, 20, 12, 1383 – 1399.

112. Y. C. Lin, X. Chen, Z. P. Wang, Study of degradation of ACF joints in chip – on – glass assemblies, 10th Intersociety Conference on Thermal and Thermomechanical Phenomena in Electronics Systems, 2006, 1 – 2, 826 – 832.

113. Y. C. Lin, X. Chen, Z. P. Wang, An experimental study of degradation of anisotropic conductive adhesive joints, 10th Intersociety Conference on Thermal and Thermomechanical Phenomena in Electronics Systems, 2006, 1 − 2, 946 − 952.

114. J. H. Li, F. L. Wang, L. Han, J. A. Duan, J. Zhong, Atomic diffusion properties in wire bonding, Transactions of Nonferrous Metals Society of China, 2006, 16, 2, 463 − 466.

115. S. Z. Min, J. H. Li, J. A. Duan, G. L. Deng, Bump thermal management analysis of LED with flipchip package, 7th International Conference on Electronics Packaging Technology, 2006, 554 − 560.

116. J. H. Li, L. Han, J. Zhong, Features of thermosonic flip chip bonding, 7th International Conference on Electronics Packaging Technology, 2006, 725 − 728.

117. C. J. Shuai, J. A. Duan, J. Zhong, Novel manufacturing method of optical fiber coupler, Journal of Central South University of Technology, 2006, 13, 3, 242 − 245.

118. C. J. Shuai, J. A. Duan, J. Zhong, Relationship between rheological manufacturing process and optical performance of optical fiber coupler, Journal of Central South University of Technology, 2006, 13, 2, 175 − 179.

119. C. J. Shuai, J. A. Duan, J. Zhong, Modelling of fused biconical taper process for fiber coupler, KEY Engineering Materials, 2006, 315 − 316, 829 − 833.

120. C. J. Shuai, J. A. Duan, J. Zhong, Study on the mechanism about the effect of technological parameters on performance of fiber coupler, KEY Engineering Materials, 2006, 324 − 325, 1 − 2, 209 − 212.

121. C. J. Shuai, J. A. Duan, J. Zhong, Development of a novel optical fiber coupler, 6th International Conference on Intelligent Systems Design and Applications, 2006, 3, 183 − 186.

122. F. L. Wang, L. Han, J. Zhong, Study on bonding interface vibration of thermosonic flip chip, 7th International Conference on Electronics Packaging Technology, 2006, 324 − 327.

123. F. L. Wang, J. H. Li, L. Han, J. Zhong, Effect of bonding parameters on thermosonic flip chip bonding under pressure constraint pattern, 8th IEEE CPMT Conference on High Density Microsystem Design and Packaging and Component Failure Analysis, 2006, 214 − 216.

124. Y. Zhou, M. H. Huang, D. H. Mao, T. Liang, 3 − D coupled fluid − thermal finite element analysis of 3C − style nozzle's fluid field of Al roll − casting, Materials Science Forum, 2006, 546 − 549, 1 − 4, 741 − 744.

125. Z. L. Long, L. Han, Y. X. Wu, J. Zhong, Effect of bonding pressure on transducer ultrasonic propagation in thermosonic flip chip bonding, 8th IEEE CPMT Conference on High Density Microsystem Design and Packaging and Component Failure Analysis, 2006, 181 – 187.

126. J. F. Zhou, J. P. Tan, Measurement accuracy improvement on high – precision sheet convexity using a laser scanning system, Proceedings of the Society of Photo – Optical Instrumentation Engineers, 2006, 6280, 1 – 2, U276 – U282.

127. Z. H. Huang, S. J. Liu, Y. Xie, Obstacle performance of cobalt – enriching crust wheeled mining vehicle, Journal of Central South University of Technology, 2006, 13, 2, 180 – 183.

128. Z. H. Huang, S. J. Liu, B. Jin, Acctunulator – based deep – sea microbe gastight sampling technique, China Ocean Engineering, 2006, 20, 2, 335 – 342.

129. Q. H. He, D. Q. Zhang, P. Hao, H. T. Zhang, Modeling and control of hydraulic excavator's arm, Journal of Central South University of Technology, 2006, 13, 4, 422 – 427.

130. Q. H. He, A. Q. Li, X. F. Zou, The control system design of a mining device adapting to the microtopography of ocean cobalt – rich crusts, 6th World Congress on Intelligent Control and Automation, 2006, 1 – 12, 3714 – 3718

131. L. Z. Li, Q. H. He, Supervisory adaptive inverse control based on an inhomogeneous model, 6th World Congress on Intelligent Control and Automation, 2006, 1 – 12, 2264 – 2267.

132. H. Z. Yan, Key factors for warm rolled bond of 6111 – aluminium strip, Transactions of Nonferrous Metals Society of China, 2006, 16, 1, 84 – 90.

133. H. P. Tang, Y. J. Tang, G. A. Tao, Active vibration control of multibody system with quick startup and brake based on active damping, Journal of Central South University of Technology, 2006, 13, 4, 417 – 421.

134. Y. D. Xiao, M. Li, J. Zhong, W. X. Li, Z. Q. Ma, Devitrification behaviour of rapidly solidified Al87Ni7Cu3Nd3 amorphous alloy prepared by melt spinning method, Journal of Central South University of Technology, 2007, 14, 3, 285 – 290.

135. R. L. Shen, L. Zhou, J. Zhong, Chemical mechanical nano – grinding of GMR magnetic recording heads for hard disk, Proceedings of the 2007 International Symposium on High Density Packaging and Microsystem Integration, 2007, 194 – 197.

136. R. L. Shen, J. Zhong, Ultrasonic applied in super precision polishing of magnetic recording heads, 8th International Conference on Electronics Packaging

Technology, 2007, 474 – 477.

137. R. L. Shen, C. J. Shuai, J. Zhong, Study of nano – grinding for GMR magnetic recording head, 8th International Conference on Electronics Packaging Technology, 2007, 504 – 507.

138. D. H. Mao, Y. F. Zhang, Z. H. Nie, Q. H. Liu, J. Zhong, Effects of ultrasonic treatment on structure of roll casting aluminum strip, Journal of Central South University of Technology, 2007, 14, 3, 363 – 369.

139. C. Shi, D. H. Mao, H. Feng, Preparation of tungsten disulfide motor oil and its tribological characteristics, Journal of Central South University of Technology, 2007, 14, 5, 673 – 678.

140. Z. H. Li, Y. X. Wu, X. S. Deng, Modeling and compensating of piezoelectric actuator hysteresis in photolithography, International Symposium on High Density Packaging and Microsystems Integration, 2007, 294 – 296.

141. X. S. Deng, Y. X. Wu, Research on modelling and controlling for active vibration – isolation system on testing equipment of stepping and scanning lithography, International Symposium on High Density Packaging and Microsystems Integration, 2007, 297 – 301.

142. J. A. Duan, J. H. Li, L. Han, J. Zhong, Interface features of ultrasonic flip chip bonding and reflow soldering in microelectronic packaging, Surface and Interface Analysis, 2007, 39, 10, 783 – 786.

143. J. A. Duan, C. L. Yang, C. J. Shuai, Fitting methods for relaxation modulus of viscoelastic materials, Journal of Central South University of Technology, 2007, 14, 2, 248 – 250.

144. Z. X. Yan, J. A. Duan, H. Y. Wang, Rheological model in rock slope stability analysis, Journal of Central South University of Technology, 2007, 14, S1, 397 – 400.

145. A. J. Song, L. Han, Study of nonlinear identification of time series of vibration on transducer in ultrasonic bonding system, Acta Physica Sinica, 2007, 56, 7, 3820 – 3826.

146. L. Han, R. Z. Gao, J. Zhong, H. X. Li, Wire bonding dynamics monitoring by wavelet analysis, Sensors and Actuators A – Physical, 2007, 137, 1, 41 – 50.

147. L. Han, J. Zhong, Effect of tightening torque on transducer vibration and bond strength, International Symposium on High Density Packaging and Microsystems Integration, 2007, 172 – 177.

148. G. Yao, L. Han, Study of the effect of different mounted length of capillary

on wire bonding strength, International Symposium on High Density Packaging and Microsystems Integration, 2007, 264 – 267.

149. Y. W. Liu, G. L. Deng, The influence of fluid viscosity of fluid jetting dispensing, : International Symposium on High Density Packaging and Microsystems Integration, 2007, 273 – 276.

150. K. Y. Chen, G. L. Deng, The influence regularity of structural parameters of fluid jetting dispensing, International Symposium on High Density Packaging and Microsystems Integration, 2007, 277 – 280..

151. H. Deng, Y. H. Wu, J. A. Duan, Adaptive learning with guaranteed stability for discrete – time recurrent neural networks, Journal of Central South University of Technology, 2007, 14, 5, 685 – 689.

152. Y. P. Yi, H. Chen, Y. C. Lin, Investigation of flow stress behavior and microstructural evolution of 7050 Al alloy, Materials Science Forum, 2007, 546 – 549, 1 – 4, 1065 – 1068.

153. H. X. Li, J. Liu, C. P. Chen, H. Deng, A simple model – based approach for fluid dispensing analysis and control, IEEE – ASME Transactions on Mechatronics, 2007, 12, 4, 491 – 503.

154. Q. M. Li, L. Zhu, F. L. Wang, Design of ultrasonic generator based on DDS and PLL technology, International Symposium on High Density Packaging and Microsystems Integration, 2007, 256 – 259.

155. Q. M. Li, L. Zhu, Z. Xu, Fuzzy Petri – nets based fault diagnosis for mechanical – electric equipment, IEEE International Conference on Control and Automation, 2007, 1 – 7, 649 – 653.

156. Q. M. Li, L. A. Wan, L. Zhu, Z. Xu, Decoupling control for a magnetic suspension stage, IEEE International Conference on Control and Automation, 2007, 1 – 7, 2815 – 2820.

157. S. C. Hu, W. C. Ma, L. Du, X. Q. Li, J. Zhong, Thermal contact conductance at continuous roll – casting interface, Journal of Central South University of Technology, 2007, 14, 3, 374 – 379.

158. L. H. Zhan, J. Zhong, Rheological behavior and thermo – mechanical coupling analysis of aluminum continuous roll casting process, Materials Science Forum, 2007, 546 – 549, 1 – 4, 729 – 734.

159. Q. L. Zhang, Y. C. Lin, X. Chen, N. Y. Gao, A method for preparing ferric activated carbon composites adsorbents to remove arsenic from drinking water, Journal of Hazardous Materials, 2007, 148, 3, 671 – 678.

160. Y. C. Lin, X. Chen, X. S. Liu, G. Q. Lu, A comparative study of the solder joint reliability in flip chip assemblies with compliant and rigid substrates, Key Engineering Materials, 2007, 353 – 358, 1 – 4, 2932 – 2935.

161. Y. C. Lin, X. Chen, J. Zhang, Behavior of anisotropic conductive joints under hygrothermal conditions, Key Engineering Materials, 2007, 353 – 358, 1 – 4, 2936 – 2939.

162. J. H. Li, L. Han, J. Zhong, Observations on – HRTEM features of thermosonic flip chip bonding interface, Materials Chemistry and Physics, 2007, 106, 2 – 3, 457 – 460.

163. J. H. Li, L. Han, J. A. Duan, J. Zhong, Microstructural characteristics of Au/Al bonded interfaces, Materials Characterization, 2007, 58, 2, 103 – 107.

164. J. H. Li, L. Han, J. Zhong, Diffusion on two interfaces of ultrasonic flip chip bonding, International Symposium on High Density Packaging and Microsystems Integration, 2007, 140 – 144.

165. J. H. Li, L. Han, J. Zhong, Characteristic comparing between thermosonic flip chip bonding and reflow flip chip, International Symposium on High Density Packaging and Microsystems Integration, 2007, 291 – 293.

166. J. H. Li, L. Han, J. A. Duan, J. Zhong, Features of machine variables in thermosonic flip chip, Key Engineering Materials, 2007, 339, 257 – 262.

167. C. J. Shuai, J. A. Duan, J. Zhong, Effect of technological parameters on optical performance of fiber coupler, Journal of Central South University of Technology, 2007, 14, 3, 370 – 373.

168. C. J. Shuai, J. A. Duan, J. Zhong, Experimental measurement and numerical analysis of fused taper shape for optical fiber coupler, Journal of Central South University of Technology, 2007, 14, 2, 251 – 254.

169. F. L. Wang, J. H. Li, L. Han, J. Zhong, Atom diffusion mechanism of thermo – sonic flip chip bonding interface, 8th International Conference on Thermal, Mechanical and Multi – Physics Simulation and Experiments in Micro – Electronics and Micro – Systems, 2007, 736 – 739.

170. Z. L. Long, Y. X. Wu, L. Han, J. Zhong, Effect of contact interface in transducer system in ultrasonic bonding, International Symposium on High Density Packaging and Microsystems Integration, 2007, 287 – 290.

171. Z. L. Long, Y. X. Wu, L. Han, J. Zhong, Vibration characteristics of ultrasonic transducer in thermosonic flip chip bonding, 8th International Conference on Electronics Packaging Technology, 2007, 47 – 52.

172. Y. C. Zhou, S. J. Liu, Z. W. Liu, Y. Deng, M. H. Huang, Simulating of hydraulic holding system of large – scale forging press based on iterative learning control, Proceedings of the 26th Chinese Control Conference, 2007, 5, 23 – 26.

173. Z. W. Liu, S. J. Liu, Y. Deng, Y. C. Zhou, M. H. Huang, Y. J. Deng, Optimization of the hydraulic synchronous control parameters based on simplex method, Proceedings of the 26th Chinese Control Conference, 2007, 3, 527 – 530.

174. X. Chen, J. P. Tan, Computational prediction of hemolysis by blade flow field of micro – axial blood pump, Proceedings of the Asme Pressure Vessels and Piping Conference, 2007, 9, 677 – 683.

175. X. Y. Qin, J. H. Guan, B. Ren, Y. Y. Bu, Optimization methods of cutting depth in mining Co – rich crusts, Journal of Central South University of Technology, 2007, 14, 4, 595 – 599.

176. H. Q. Li, Q. Tan, Reliability analysis of hydraulic system for type crane based on GO methodology, International Conference on Mechanical Engineering and Mechanics, 2007, 1 – 2, 360 – 363.

177. L. Li, S. J. Liu, C. B. Wu, Y. Q. Gao, N. Yang, Simulation of motion performance for a cobalt crust miner on seamounts, 7th ISOPE Ocean Mining and Gas Hydrates Symposium, 2007, 153 – 157.

178. Y. Li, S. J. Liu, L. Li, Dynamic analysis of deep – ocean mining pipe system by discrete element method, China Ocean Engineering, 2007, 21, 1, 175 – 185.

179. G. Wang, S. J. Liu, L. Li, FEM modeling for 3D dynamic analysis of deep – ocean mining pipeline and its experimental verification, Journal of Central South University of Technology, 2007, 14, 6, 808 – 813.

180. H. Y. Yu, S. J. Liu, Dynamics of vertical pipe in deep – ocean mining system, Journal of Central South University of Technology, 2007, 14, 4, 552 – 556.

181. Z. H. Huang, S. J. Liu, B. Jin, L. Li, Y. Chen, Concentrated and gastight sampling technique of deepsea microplankton, Journal of Central South University of Technology, 2007, 14, 6, 820 – 825.

182. X. Y. He, Q. H. He, Application of PCA method and FCM clustering to the fault diagnosis of excavator's hydraulic system, IEEE International Conference on Automation and Logistics, 2007, 1 – 6, 1635 – 1639.

183. X. Zhou, Q. H. He, J. X. Zhu, Research on the capacity of hydraulic pile driving under adding force, IEEE International Conference on Mechatronics and Automation, 2007, 1 – 5, 2032 – 2036.

184. B. Y. Jiang, L. J. Shen, H. J. Peng, X. L. Yin, Replication fidelity improvement of PMMA microlens array based on weight evaluation and optimization, Advanced Optical Manufacturing Technologies, Proceedings of SPIE, 2007, 6722, 1 – 2.

185. H. P. Tang, C. X. Tang, C. F. Yin, Optimization of actuator/sensor position of multi – body system with quick startup and brake, Journal of Central South University of Technology, 2007, 14, 6, 803 – 807.

186. F. S. Mu, X. B. Su, Analysis of liquid bridge between spherical particles, China Particuology, 2007, 5, 6, 420 – 424.

187. R. L. Shen, L. Zhou, J. Zhong, Sub – nanometer polishing of magnetic rigid disk heads to avoid pole tip recession, Chinese Journal of Mechanical Engineering, 2008, 21, 4, 7 – 10.

188. Z. X. Xiao, C. Shi, D. H. Mao, Effect of tocopherol on antioxygenic properties of green lubricating oil, Journal of Wuhan University of Technology – Materials Science Edition, 2008, 23, 3, 289 – 292.

189. Z. H. Li, Y. X. Wu, Z. L. Long, Study of prepress force on piezoelectric transducer of wire bonding, International Conference on Electronic Packaging Technology and High Density Packaging, 2008, 1 – 2, 823 – 825.

190. L. Han, J. Zhong, Experimental observations on nonlinear phenomena in transducer assembly for thermosonic Flip – Chip bonding, Microelectronic Engineering, 2008, 85, 7, 1568 – 1576.

191. L. Han, J. Zhong, G. Z. Gao, Effect of tightening torque on transducer dynamics and bond strength in wire bonding, Sensors and Actuators A – Physical, 2008, 141, 2, 695 – 702.

192. L. Lv, L. Han, Effects of bonding pressure on nonlinear dynamic characteristic of the ultrasonic wire bonding system, International Conference on Electronic Packaging Technology and High Density Packaging, 2008, 1 – 2, 778 – 782.

193. L. N. Zhang, L. Han, The influence of heating temperature on alignment precision in thermosonic flip – chip bonding, International Conference on Electronic Packaging Technology and High Density Packaging, 2008, 1 – 2, 798 – 803.

194. J. P. Li, T. Liu, Q. Y. Tang, L. Han, J. Zhong, Spray deposition for making large size billet with swing atomizer, Journal of Central South University of Technology, 2008, 15, 3, 309 – 312.

195. J. H. Xie, G. L. Deng, F. Geng, J. Q. Wang, Simulation and experiment

study of dispensing patterns influence on underfill filling process, International Conference on Electronic Packaging Technology and High Density Packaging, 2008, 1 – 2, 438 – 442.

196. H. Hu, G. L. Deng, The influence discipline of temperature of high viscosity fluid jetting, International Conference on Electronic Packaging Technology and High Density Packaging, 2008, 1 – 2, 807 – 812.

197. J. Q. Wang, G. L. Deng, The influence of structural parameters of electromagnetic fluid jetting dispenser, International Conference on Electronic Packaging Technology and High Density Packaging, 2008, 1 – 2, 813 – 818.

198. H. Deng, H. X. Li, Y. H. Wu, Feedback – linearization – based neural adaptive control for unknown nonaffine nonlinear discrete – time systems, IEEE Transactions on Neural Networks, 2008, 19, 9, 1615 – 1625.

199. Y. P. Yi, X. Fu, J. D. Cui, H. Chen, Prediction of grain size for large – sized aluminium alloy 7050 forging during hot forming, Journal of Central South University of Technology, 2008, 15, 1, 1 – 5.

200. Y. P. Yi, Y. Shi, Physical simulation of dynamic recrystallization behavior of 7050 aluminum alloy, Materials Science Forum, 2008, 575 – 578, 1 – 2, 1083 – 1085.

201. X. G. Duan, H. X. Li, H. Deng, Effective tuning method for fuzzy PID with internal model control, Industrial & Engineering Chemistry Research, 2008, 47, 21, 8317 – 8323.

202. X. G. Duan, C. H. Yang, H. X. Li, W. H. Gui, H. Deng, Hybrid expert system for raw materials blending, Control Engineering Practice, 2008, 16, 11, 1364 – 1371.

203. X. G. Duan, H. X. Li, H. Deng, A simple tuning method for fuzzy PID control, IEEE International Conference on Fuzzy Systems, 2008, 1 – 5, 271 – 275.

204. Q. M. Li, D. Gao, H. Deng, Influence of contact forces on stable gripping for large – scale heavy manipulator, Lecture Notes in Artificial Intelligence, 2008, 5315, 2, 839 – 847.

205. Q. M. Li, Y. H. Wu, H. Deng, D. H. Mao, Harmonic analysis of electromagnetic casting system, 7th World Congress on Intelligent Control and Automation, 2008, 1 – 23, 691 – 696.

206. Q. M. Li, D. Gao, H. Deng, H. Ouyang, Modal analysis of a high – precision magnetic suspension stage, 7th World Congress on Intelligent Control and Automation, 2008, 1 – 23, 6044 – 6048.

207. Q. M. Li, D. Gao, H. Deng, Analysis of contact forces for forging manipulator grippers, IEEE Conference on Robotics, Automation, and Mechatronics, 2008, 1 – 2, 731 – 734.

208. S. C. Hu, W. C. Ma, X. Q. Li, J. Zhong, The multi physical fields modeling for 7B50 aluminum alloy semi – continuous casting process, Materials Science Forum, 2008, 575 – 578, 1 – 2, 1422 – 1427.

209. Y. C. Lin, M. S. Chen, J. Zhong, Study of static recrystallization kinetics in a low alloy steel, Computational Materials Science, 2008, 44, 2, 316 – 321.

210. Y. C. Lin, J. Zhang, J. Zhong, Application of neural networks to predict the elevated temperature flow behavior of a low alloy steel, Computational Materials Science, 2008, 43, 4, 752 – 758.

211. Y. C. Lin, M. S. Chen, J. Zhong, Numerical simulation for stress/strain distribution and microstructural evolution in 42CrMo steel during hot upsetting process, Journal of Materials Processing Technology, 2008, 205, 1 – 3, 308 – 315.

212. Y. C. Lin, X. L. Fang, Y. P. Wang, Prediction of metadynamic softening in a multi – pass hot deformed low alloy steel using artificial neural network, Journal of Materials Science, 2008, 43, 16, 5508 – 5515.

213. Y. C. Lin, M. S. Chen, J. Zhong, Microstructural evolution in 42CrMo steel during compression at elevated temperatures, Materials Letters, 2008, 62, 14, 2132 – 2135.

214. Y. C. Lin, M. S. Chen, J. Zhong, Constitutive modeling for elevated temperature flow behavior of 42CrMo steel, Computational Materials Science, 2008, 42, 3, 470 – 477.

215. Y. C. Lin, J. Zhong, A review of the influencing factors on anisotropic conductive adhesives joining technology in electrical applications, Journal of Materials Science, 2008, 43, 9, 3072 – 3093.

216. Y. C. Lin, M. S. Chen, J. Zhong, Prediction of 42CrMo steel flow stress at high temperature and strain rate, Mechanics Research Communications, 2008, 35, 3, 142 – 150.

217. Y. C. Lin, A study of inhomogeneous plastic deformation and microstructural evolution of Fe – Cr – based low alloy steel, Advances in Heterogeneous Material Mechanics, 2008, 419 – 422.

218. Y. C. Lin, X. Chen, Reliability of anisotropic conductive adhesive joints in electronic packaging applications, Journal of Adhesion Science and Technology, 2008, 22, 14, 1631 – 1657.

219. J. Zhang, Y. C. Lin, L. G. Huang, The effect of the different Teflon films on anisotropic conductive adhesive film (ACF) bonding, International Conference on Electronic Packaging Technology and High Density Packaging, 2008, 1 - 2, 1082 - 1085.

220. J. H. Li, L. Han, J. Zhong, Ultrasonic power features of wire bonding and thermosonic flip chip bonding in microelectronics packaging, Journal of Central South University of Technology, 2008, 15, 5, 684 - 688.

221. J. H. Li, L. Han, J. Zhong, Power and interface features of thermosonic flip - chip bonding, IEEE Transactions on Advanced Packaging, 2008, 31, 3, 442 - 446.

222. J. H. Li, F. L. Wang, L. Han, J. Zhong, Theoretical and experimental analyses of atom diffusion characteristics on wire bonding interfaces, Journal of Physics D - Applied Physics, 2008, 41, 13.

223. J. H. Li, L. Han, J. Zhong, Short - circuit diffusion of ultrasonic bonding interfaces in microelectronic packaging, Surface and Interface Analysis, 2008, 40, 5, 953 - 957.

224. J. H. Li, L. Han, J. Zhong, Ultrasonic features in wire bonding and thermosonic flip chip, International Conference on Electronic Packaging Technology and High Density Packaging, 2008, 1 - 2, 106 - 110.

225. F. L. Wang, C. H. Zou, J. P. Qiao, Dynamic phase - frequency characteristic of thermosonic wire bonder transducer, International Conference on Electronic Packaging Technology and High Density Packaging, 2008, 1 - 2, 819 - 822.

226. X. Y. Sun, W. L. Li, M. L. Xu, B. Chu, D. F. Bi, B. Li, Y. W. Hu, Z. Q. Zhang, Z. Z. Hu, High - efficiency red phosphorescent organic light - emitting diodes based on metal - microcavity structure, Solid - State Electronics, 2008, 52, 2, 211 - 214.

227. Z. L. Long, L. Han, Y. X. Wu, J. Zhong, Study of temperature parameter in Au - Ag wire bonding, IEEE Transactions on Electronics Packaging Manufacturing, 2008, 31, 3, 221 - 226.

228. S. J. Liu, Y. Dai, X. R. Cao, Y. Li, L. Li, Dynamic analysis of the complete integrated deep - ocean mining pilot system based on single - body tracked miner and discrete element model of pipe, 8th ISOPE Pacific/Asia Offshore Mechanics Symposium, 2008, 21 - 29.

229. Y. C. Zhou, S. J. Liu, M. H. Huang, L. H. Zhan, On synchronization

control strategy of large scale water press's unloading procedure, Proceedings of the 27th Chinese Control Conference, 2008, 5, 239 - 242.

230. B. W. Luo, Z. J. Zhou, Y. Y. Bu, H. M. Zhao, Fast recognition algorithm of underwater micro - terrain based on ultrasonic detection, Journal of Central South University of Technology, 2008, 15, 5, 738 - 741.

231. C. X. Shi, Y. Y. Bu, J. H. Liu, Mobile robot path planning in three - dimensional environment based on ACO - PSO hybrid algorithm, IEEE ASME International Conference on Advanced Intelligent Mechatronics, 2008, 1 - 3, 252 - 256.

232. H. Y. Wu, X. M. Chen, Y. Q. Gao, J. S. He, L. H. Ding, Y. Xu, Research on effects of grounding pressure distribution of a type of seabed tracked vehicle on traction force, International Offshore and Polar Engineering Conference Proceedings, 2008, 73 - 77.

233. Y. W. Zhang, W. H. Gui, Compensation for secondary uncertainty in electro - hydraulic servo system by gain adaptive sliding mode variable structure control, Journal of Central South University of Technology, 2008, 15, 2, 256 - 263.

234. Q. H. He, X. Y. He, J. X. Zhu, Fault detection of excavator's hydraulic system based on dynamic principal component analysis, Journal of Central South University of Technology, 2008, 15, 5, 700 - 705.

235. Q. H. He, P. Hao, D. Q. Zhang, Modeling and parameter estimation for hydraulic system of excavator's arm, Journal of Central South University of Technology, 2008, 15, 3, 382 - 386.

236. X. Zhou, Q. H. He, J. X. Zhu, Effect of changing relevant parameters of pile clamping mechanism on stress and displacement of pre - fabricated piles under pile driving, Proceedings of First International Conference of Modelling and Simulation, 2008, 6, 316 - 322.

237. J. X. Zhu, C. Y. Yang, H. Y. Hu, X. F. Zou, Reducing - resistance mechanism of vibratory excavation of hydraulic excavator, Journal of Central South University of Technology, 2008, 15, 4, 535 - 539.

238. S. H. Chen, H. Z. Yan, X. Z. Ming, Analysis and modeling of error of spiral bevel gear grinder based on multi - body system theory, Journal of Central South University of Technology, 2008, 15, 5, 706 - 711.

239. H. P. Tang, T. Nie, Y. J. Tang, C. F. Yin, C. X. Tang, Q. Y. Wang, Constitutive relationship of ionic polymer - metal composite and static response character of its cantilever setup to voltage, Journal of Central South University of Technology,

2008, 15, 3, 387 – 391.

240. H. P. Tang, X. S. Wang, R. Q. Zhao, Y. Li, Investigation on thermo – mechanical behaviors of artificial muscle films, Journal of Materials Science, 2008, 43, 10, 3733 – 3737.

241. J. Y. Tang, S. Y. Chen, C. J. Zhou, An improved nonlinear dynamic model of gear transmission, Proceedings of the ASME International Design Engineering Technical Conferences and Computers and Information in Engineering Conference, 2008, 7, 577 – 583.

242. S. Y. Chen, J. Y. Tang, Study on a new nonlinear parametric excitation equation: Stability and bifurcation, Journal of Sound and Vibration, 2008, 318, 4 – 5, 1109 – 1118.

243. S. Y. Chen, J. Y. Tang, X. Liu, The dynamic transmission error and the tooth meshing force based on ansys/LS – DYNA, Proceedings of the ASME International Design Engineering Technical Conferences and Computers and Information in Engineering Conference, 2008, 7, 547 – 552.

244. K. H. Zhou, J. Y. Tang, T. Zeng, New geometry of generating spiral bevel gear, Proceedings of the ASME International Design Engineering Technical Conferences and Computers and Information in Engineering Conference, 2008, 7, 273 – 277.

245. J. F. He, Y. Chen, H. Deng, R. G. Nie, Dynamic modeling of large scale heavy duty grippers based on the response dead zone of counteracting force, Lecture Notes in Artificial Intelligence, 2008, 5315, 2, 879 – 886.

246. H. L. Xu, P. W. Yin, S. J. Xu, F. Q. Yang, Pump – lockage ore transportation system for deep sea flexible mining system, Journal of Central South University of Technology, 2008, 15, 4, 540 – 544.

247. R. L. Shen, J. Zhong, Ultrasonic polishing of giant magnetic resistance magnetic recording heads for hard discs, Proceedings of the Institution of Mechanical Engineers Part J – Journal of Engineering Tribology, 2009, 223, J4, 735 – 737.

248. C. Shi, D. H. Mao, Study on dispersion stability and self – repair principle of ultrafine – tungsten disulfide particulates, Advanced Tribology, 2009, 995 – 999.

249. K. Liao, Y. X. Wu, H. Gong, Pre – stretching simulation and residual stresses measurement in aluminum alloy thick plates, International Conference on Measuring Technology and Mechatronics Automation, 2009, 2, 287 – 291.

250. N. Huang, M. H. Huang, L. H. Zhan, Finite element analysis and structural improvement of component with notches, Modelling and Simulation – World Academic Union, 2009, 3, 325 – 328.

251. M. Chen, M. H. Huang, Y. C. Zhou, L. H. Zhan, Synchronism control system of heavy hydraulic press, International Conference on Measuring Technology and Mechatronics Automation, 2009, 2, 17 – 19.

252. J. T. Tu, M. H. Huang, Simulation research of a synchronous balancing system for hydraulic press based on AME/Simulink, International Conference on Measuring Technology and Mechatronics Automation, 2009, 2, 359 – 362.

253. H. B. Zhou, H. Ying, J. A. Duan, Adaptive control using interval type – 2 fuzzy logic, 18th IEEE International Conference on Fuzzy Systems, 2009, 1 – 3, 836 – 841.

254. H. J. Zhou, L. Han, Local plastic zones of wirebond profiles inspection base on curvature estimation, International Conference on Electronic Packaging Technology & High Density Packaging, 2009, 303 – 307.

255. Y. N. Zhang, L. Han, Effect of bonding temperature and power setting on transducer velocity using principal components analysis in thermosonic bonding, International Conference on Electronic Packaging Technology & High Density Packaging, 2009, 1090 – 1094.

256. K. Zhang, Y. M. Xia, Q. Tan, K. Wang, N. E. Yi, Establishment of TBM disc cutter dynamic model for vertical vibration, Intelligent Robotics and Applications, Proceedings, 2009, 5928, 374 – 382.

257. Z. Q. Ge, G. L. Deng, Design and Modeling of jet dispenser based on giant magnetostrictive material, International Conference on Electronic Packaging Technology & High Density Packaging, 2009, 894 – 899.

258. Z. R. Ding, H. Hu, G. L. Deng, Simulation and experimental study on temperature field of fluid jet – dispenser, International Conference on Electronic Packaging Technology & High Density Packaging, 2009, 900 – 905.

259. H. Deng, Z. Xu, H. X. Li, A novel neural internal model control for multi – input multi – output nonlinear discrete – time processes, Journal of Process Control, 2009, 19, 8SI, 1392 – 1400.

260. W. D. Zhang, X. H. Li, H. Deng, Research on the turning safety of an high – temperature ladle carrier vehicle, Second International Conference on Intelligent Computation Technology and Automation, 2009, 3, 724 – 727.

261. H. Deng, Z. Xu, H. X. Li, Neural network internal model control for mimo nonlinear processes, IEEE International Conference on Computational Intelligence for Measurement Systems and Applications, 2009, 153 – 158.

262. S. Q Huang, Y. P. Yi, C. Liu, Simulation of dynamic recrystallization for

aluminium alloy 7050 using cellular automaton, Journal of Central South University of Technology, 2009, 16, 1, 18 – 24.

263. Y. G. Yu, H. X. Li, J. A. Duan, Chaos synchronization of a unified chaotic system via partial linearization, Chaos Solitons & Fractals, 2009, 41, 1, 457 – 463.

264. Q. M. Li, Y. H. Wu, H. Deng, The similarity design of heavy forging robot grippers, Lecture Notes in Artificial Intelligence, 2009, 5928, 545 – 553.

265. Q. M. Li, D. Gao, H. Deng, Modeling and optimization of contact forces for heavy duty robot grippers, Lecture Notes in Artificial Intelligence, 2009, 5928, 678 – 686.

266. Y. C. Lin, G. Liu, Effects of strain on the workability of a high strength low alloy steel in hot compression, Materials Science and Engineering A – Structural Materials Properties Microstructure and Processing, 2009, 523, 1 – 2, 139 – 144.

267. Y. C. Lin, M. S. Chen, Numerical simulation and experimental verification of microstructure evolution in a three – dimensional hot upsetting process, Journal of Materials Processing Technology, 2009, 209, 9, 4578 – 4583.

268. Y. C. Lin, G. Liu, M. S. Chen, J. Zhong, Prediction of static recrystallization in a multi – pass hot deformed low – alloy steel using artificial neural network, Journal of Materials Processing Technology, 2009, 209, 9, 4611 – 4616.

269. Y. C. Lin, M. S. Chen, J. Zhong, Study of metadynamic recrystallization behaviors in a low alloy steel, Journal of Materials Processing Technology, 2009, 209, 5, 2477 – 2482.

270. Y. C. Lin, M. S. Chen, J. Zhong, Effects of deformation temperatures on stress/strain distribution and microstructural evolution of deformed 42CrMo steel, Materials & Design, 2009, 30, 3, 908 – 913.

271. Y. C. Lin, M. S. Chen, Study of microstructural evolution during metadynamic recrystallization in a low – alloy steel, Materials Science and Engineering A – Structural Materials Properties Microstructure and Processing, 2009, 501, 1 – 2, 229 – 234.

272. Y. C. Lin, M. S. Chen, Study of microstructural evolution during static recrystallization in a low alloy steel, Journal of Materials Science, 2009, 44, 3, 835 – 842.

273. Y. C. Lin, M. S. Chen, J. Zhong, Modeling of flow stress of 42CrMo steel under hot compression, Materials Science and Engineering A – Structural Materials Properties Microstructure and Processing, 2009, 499, 1 – 2SI, 88 – 92.

274. J. H. Li, R. S. Wang, H. He, F. L. Wang, L. Han, J. Zhong, The law of

ultrasonic energy conversion in thermosonic flip chip bonding interfaces, Microelectronic Engineering, 2009, 86, 10, 2063 – 2066.

275. F. L. Wang, L. Han, J. Zhong, Stress – induced atom diffusion at thermosonic flip chip bonding interface, Sensors and Actuators A – Physical, 2009, 149, 1, 100 – 105.

276. S. H. Liu, F. L. Wang, Characteristic analysis of transducer drive current in ultrasonic wire bonding process, International Conference on Electronic Packaging Technology & High Density Packaging, 2009, 1078 – 1082.

277. Z. L. Long, Y. X. Wu, L. Han, J. Zhong, Dynamics of ultrasonic transducer system for thermosonic flip chip bonding, IEEE Transactions on Components and Packaging Technologies, 2009, 32, 2, 261 – 267.

278. Y. C. Zhou, S. J. Liu, M. H. Huang, M. Chen, L. H. Zhan, On synchronism control strategy of large – scale water press Based on structure invariance principle, International Conference on Measuring Technology and Mechatronics Automation, 2009, 1, 820 – 822.

279. Z. W. Liu, S. J. Liu, M. H. Huang, Y. C. Zhou, Y. J. Deng, Optimization of the giant hydraulic press's synchronism – balancing control system, International Conference on Measuring Technology and Mechatronics Automation, 2009, 1, 828 – 831.

280. J. Ni, S. J. Liu, M. F. Wang, X. Z. Hu, Y. Dai, The simulation research on passive heave compensation system for deep sea mining, IEEE International Conference on Mechatronics and Automation, 2009, 1 – 7, 5111 – 5116.

281. J. P. Tan, Y. L. Liu, Y. Xu, Study on energy loss model of large gap magnetic drive system, International Conference on Energy and Environment Technology, 2009, 344 – 347.

282. D. P. Long, J. P. Tan, Experiment on the blood lubricating capacity, Proceedings of the 2009 2nd International Conference on Biomedical Engineering and Informatics, 2009, 1 – 4, 1009 – 1013.

283. H. Chen, J. P. Tan, J. L. Gong, A digital method for detecting hydraulic press column stress based on profibus – dp fieldbus, International Conference on Measuring Technology and Mechatronics Automation, 2009, 1, 155 – 158.

284. J. P. Tan, Y. Xu, T. X. Li, Y. L. Liu, The scheme design and application of large gap magnetic drive system which is driven by traveling wave magnetic field, International Conference on Measuring Technology and Mechatronics Automation, 2009, 2, 160 – 163.

285. J. Tan, Y. Y. Bu, B. Yang, An efficient close frequent pattern mining algorithm, 2nd International Conference on Intelligent Computation Technology and Automation, 2009, 1, 528 − 531.

286. J. Tan, Y. Y. Bu, B. Yang, An efficient frequent closed itemsets mining algorithm over data streams, International Conference on Information Management, Innovation Management and Industrial Engineering, 2009, 3, 65 − 68.

287. B. Yang, Y. Y. Bu, Multiple kernel LSSVM in empirical kernel mapping space, IITA International Conference on Control, Automation and Systems Engineering, 2009, 636 − 639.

288. B. Yang, Y. Y. Bu, A novel gaussian kernel parameter choosing method, 3rd International Symposium on Intelligent Information Technology Application, 2009, 3, 83 − 86.

289. Y. Li, S. J. Liu, Preview control of an active vehicle suspension system based on a four − degree − of − freedom half − car model, International Conference on Measuring Technology and Mechatronics Automation, 2009, 1, 563 − 567.

290. L. J. Li, S. J. Liu, Modeling and simulation of active − controlled heave compensation system of deep − sea mining based on dynamic vibration absorber, IEEE International Conference on Mechatronics and Automation, 2009, 1337 − 1341.

291. Y. Dai, S. J. Liu, L. Li, Y. Li, G. Wang, X. R. Cao, Virtual prototype modeling and fast dynamic simulation of the complete integrated sea trial system for deep − ocean mining, International Conference on Computer Modeling and Simulation, 2009, 244 − 250.

292. X. Z. Hu, S. J. Liu, B. Du, Y. Dai, Dynamic analysis and force calculation of seafloor mining tool based on the heave motion of mining support vessel in the launching process, International Conference on Measuring Technology and Mechatronics Automation, 2009, 2, 62 − 66.

293. H. M. Kang, Q. H. He, J. X. Zhu, Dynamics simulation on installation angle of mast link frame system of rotary drilling rig, International Conference on Measuring Technology and Mechatronics Automation, 2009, 2, 221 − 225.

294. L. Xie, G. Ziegmann, B. Y. Jiang, Numerical simulation method for weld line development in micro injection molding process, Journal of Central South University of Technology, 2009, 16, 5, 774 − 780.

295. C. Weng, W. B. Lee, S. To, B. Y. Jiang, Numerical simulation of residual stress and birefringence in the precision injection molding of plastic microlens arrays, International Communications in Heat and Mass Transfer, 2009, 36, 3, 213 − 219.

296. G. B. Wang, Y. L. Liu, X. Q. Zhao, Fault diagnosis of rolling bearings based on LLE_KFDA, Materials Science Forum, 2009, 626 – 627, 529 – 534.

297. A. L. Wang, Research on common issues for relationship between mechanism degree of freedom, driving link and executive link, Science in China Series E – Technological Sciences, 2009, 52, 4, 966 – 974.

298. J. Y. Tang, J. Du, Y. P. Chen, Modeling and experimental study of grinding forces in surface grinding, Journal of Materials Processing Technology, 2009, 209, 6, 2847 – 2854.

299. C. Shi, D. H. Mao, M. Zhou, Dispersion effect and auto – reconditioning performance of nanometer WS2 particles in green lubricant, Bulletin of Materials Science, 2010, 33, 5, 529 – 534.

300. K. Liao, Y. X. Wu, H. Gong, Influence of preparing of specimen on internal stress measurement of aluminum alloy thick plate, Manufacturing Science and Engineering, 2010, 97 – 101, 1 – 5, 2658 – 2663.

301. K. Liao, Y. X. Wu, H. Gong, Influence of specimen sampling on internal residual stress test, Manufacturing Science and Engineering, 2010, 97 – 101, 1 – 5, 4271 – 4276.

302. K. Liao, Y. X. Wu, H. Gong, P. F. Yan, J. K. Guo, Effect of non – uniform stress characteristics on stress measurement in specimen, Transactions of Nonferrous Metals Society of China, 2010, 20, 5, 789 – 794.

303. Z. H. Li, Y. X. Wu, Z. L. Long, Higher order harmonic wave and its effect on thermosonic bond system, Manufacturing Science and Engineering, 2010, 97 – 101, 1 – 5, 2644 – 2649.

304. S. Y. Zhang, Y. X. Wu, A mathematical model for predicting residual stresses in pre – stretched aluminum alloy plate, Manufacturing Science and Engineering, 2010, 97 – 101, 1 – 5, 3187 – 3193.

305. N, Huang, M, H, Huang, L. H. Zhan, Numerical study of a panel with big grooves subjected to in – plane tension, Digital Design and Manufacturing Technology, 2010, 102 – 104, 1 – 2, 297 – 300.

306. S. Q. Huang, Y. P. Yi, Y. X. Zhang, Simulation of 7050 wrought aluminum alloy wheel die forging and its defects analysis based on DEFORM, 10th International Conference on Numerical Methods in Industrial Forming Processes, 2010, 1252, 1 – 2, 638 – 644.

307. X. J. Lu, H. X. Li, X. Yuan, PSO – based intelligent integration of design and control for one kind of curing process, Journal of Process Control, 2010, 20, 10,

1116 - 1125.

308. X. J. Lu, H. X. Li, J. A. Duan, D. Sun, Integrated design and control under uncertainty: A fuzzy modeling approach, Industrial & Engineering Chemistry Research, 2010, 49, 3, 1312 - 1324.

309. X. J. Lu, H. X. Li, C. L. P. Chen, Robust optimal design with consideration of robust eigenvalue assignment, Industrial & Engineering Chemistry Research, 2010, 49, 7, 3306 - 3315.

310. X. J. Lu, H. X. Li, C. L. P. Chen, Variable sensitivity - based deterministic robust design for nonlinear system, Journal of Mechanical Design, 2010, 132, 6, 0645021 - 0645027.

311. X. X. Zhang, H. X. Li, C. K. Qi, Spatially constrained fuzzy - clustering - based sensor placement for spatiotemporal fuzzy - control system, IEEE Transactions on Fuzzy Systems, 2010, 18, 5, 946 - 957.

312. Y. G. Yu, H. X. Li, Adaptive generalized function projective synchronization of uncertain chaotic systems, Nonlinear Analysis - Real World Applications, 2010, 11, 4, 2456 - 2464.

313. Q. M. Li, D. Gao, H. Deng, Calculation of contact forces of large - scale heavy forging manipulator grippers, Advanced Design and Manufacture II, 2010, 419 - 420, 645 - 648.

314. L. H. Zhang, J. Yu, X. M. Zhang, Effect of ultrasonic power and casting speed on solidification structure of 7050 aluminum alloy ingot in ultrasonic field, Journal of Central South University of Technology, 2010, 17, 3, 431 - 436.

315. Y. C. Lin, G. Liu, A new mathematical model for predicting flow stress of typical high - strength alloy steel at elevated high temperature, Computational Materials Science, 2010, 48, 1, 54 - 58.

316. Y. C. Lin, Y. B. Ding, Numerical simulation for effects of friction on deformation behaviors in a 3 - Dimensional hot upsetting process, 7th Pacific Rim International Conference on Advanced Materials and Processing, 2010, 654 - 656, 1 - 3, 1295 - 1298.

317. Y. C. Lin, M. S. Chen, J. Zhang, Effects of forging processing parameters on axial effective strain in heavy forgings, 7th Pacific Rim International Conference on Advanced Materials and Processing, 2010, 654 - 656, 1 - 3, 1618 - 1621.

318. Y. C. Lin, Y. C. Xia, X. M. Chen, M. S. Chen, Constitutive descriptions for hot compressed 2124 - T851 aluminum alloy over a wide range of temperature and strain rate, Computational Materials Science, 2010, 50, 1, 227 - 233.

319. Y. C. Lin, X. M. Chen, G. Liu, A modified johnson – cook model for tensile behaviors of typical high – strength alloy steel, Materials Science and Engineering A – Structural Materials Properties Microstructure and Processing, 2010, 527, 26, 6980 – 6986.

320. Y. C. Lin, X. M. Chen, A combined Johnson – Cook and Zerilli – Armstrong model for hot compressed typical high – strength alloy steel, Computational Materials Science, 2010, 49, 3, 628 – 633.

321. Y. C. Lin, G. Liu, Hot Deformation and processing maps of a high strength alloy steel, Manufacturing Science and Engineering, 2010, 97 – 101, 1 – 5, 374 – 377.

322. Y. C. Lin, J. H. Lu, J. Zhang, Numerical simulation for the thermal fatigue of flip chip solder joints, Manufacturing Science and Engineering, 2010, 97 – 101, 1 – 5, 3963 – 3966.

323. C. J. Shuai, C. D. Gao, Y. Nie, H. L. Hu, H. Y. Qu, S. P. Peng, Structural design and experimental analysis of a selective laser sintering system with nano – hydroxyapatite Powder, Journal of Biomedical Nanotechnology, 2010, 6, 4, 370 – 374.

324. C. J. Shuai, C. D. Gao, Y. Nie, S. P. Peng, The micro – torsion mechanism of polarization axis during Fabrication of polarization maintaining fiber devices, Manufacturing Science and Engineering, 2010, 97 – 101, 1 – 5, 1177 – 1180.

325. C. J. Shuai, S. P. Peng, X. J. Wen, Development of a novel laser – sintering machine for fabrication of artificial bone, Manufacturing Science and Engineering, 2010, 97 – 101, 1 – 5, 3997 – 4000.

326. C. J. Shuai, S. P. Peng, X. J. Wen, Optimum approach and modeling for fabrication of fused fiber coupler, Advances in Fracture and Damage Mechanics VIII, 2010, 417 – 418, 837 – 840.

327. C. J. Shuai, S. P. Peng, H. A. Qi, Q. J. Qiu, The microstructure evolution in fused region and taper region of fiber coupler, Advances in Fracture and Damage Mechanics VIII, 2010, 417 – 418, 841 – 844.

328. C. J. Shuai, C. D. Gao, Y. Nie, S. P. Peng, Movement realization of a novel fused biconical taper system based on electrical heater, Optoelectronic Materials, 2010, 663 – 666, 1 – 2, 637 – 640.

329. J. L. Liu, C. J. Zhao, S. C. Wen, D. Y. Fan, C. J. Shuai, An improved shooting algorithm and its application to high – power fiber lasers, Optics

Communications, 2010, 283, 19, 3764 – 3767.

330. J. L. Liu, C. J. Zhao, S. C. Wen, D. Y. Fan, C. J. Shuai, The optimum length of linear cavity Yb3 + – doped double – clad fiber laser, Optics Communications, 2010, 283, 7, 1449 – 1453.

331. H. B. Zhou, J. A. Duan, Levitation mechanism modelling for maglev transportation system, JOURNAL OF Central South University of Technology, 2010, 17, 6, 1230 – 1237.

332. S. J. Liu, N. Yang, Q. J. Han, Research and development of deep sea mining technology in china, Proceedings of the ASME 29th International Conference on Ocean, Offshore and Arctic Engineering, 2010, 3, 163 – 169.

333. J. Tan, Y. Y. Bu, Association rules mining in manufacturing, Mechanical Engineering and Green Manufacturing, 2010, 1 – 2, 651 – 654.

334. Q. Tan, K. Wang, Y. M. Xia, K. Zhang, Z. J. Xu, Numerical simulation of ANSYS – LS/DYNA induced by double – edge ball tooth hob cutter, Manufacturing Science and Engineering, 2010, 97 – 101, 1 – 5, 3120 – 3123.

335. L. J. Li, S. J. Liu, J. Y. Zuo, Parameter design of heave compensation system of deep – sea mining based on dynamic vibration absorber and its experimental study, Mechanical Engineering and Green Manufacturing, 2010, 1 – 2, 1999 – 2005.

336. Y. Dai, S. J. Liu, L. Li, Dynamic analysis of the seafloor pilot miner based on single – body vehicle model and discretized track – terrain interaction model, China Ocean Engineering, 2010, 24, 1, 145 – 160.

337. Y. Dai, S. J. Liu, L. Li, Y. Li, G. Wang, X. Z. Hu, Dynamic model development and simulation analysis of china's total integrated deep ocean mining pilot system, Proceedings of the ASME 29th International Conference on Ocean, Offshore and Arctic Engineering, 2010, 3, 171 – 180.

338. P. Zhao, Q. H. He, W. Li, Investigation on low cycle fatigue life of SC notched specimens, Manufacturing Science and Engineering, 2010, 97 – 101, 1 – 5, 449 – 452.

339. B. Y. Jiang, Y. Liu, C. P. Chu, Q. J. Qiu, Research on microchannel of PMMA microfluidic chip under various injection molding parameters, Advanced Polymer Processing, 2010, 87 – 88, 381 – 386.

340. B. Y. Jiang, J. L. Hu, W. Q. Wu, S. Y. Pan, Research on the polymer ultrasonic plastification, Advanced Polymer Processing, 2010, 87 – 88, 542 – 549.

341. L. Xie, G. Ziegmann, B. Y. Jiang, Reinforcement of micro injection molded weld line strength with ultrasonic oscillation, Microsystem Technologies –

micro – and Nanosystems – information Storage and Processing Systems, 2010, 16, 3, 399 – 404.

342. D. H. Wang, B. Y. Jiang, C. P. Chu, Y. S. Deng, Effects of geometric characteristics on flow ratio of the melt and modifying the checking formula, Digital Design and Manufacturing Technology, 2010, 102 – 104, 1 – 2, 465 – 469.

343. B. Y. Xu, Y. L. Liu, X. D. Wang, F. Dong, Z. C. Kang, Optimization of the rollers system of aluminum strip oiling mill based on the stochastic vibration, Mechanical Engineering and Green Manufacturing, 2010, 1 – 2, 544 – 550.

344. Y. C. Yuan, Y. L. Liu, Y. Li, The robust design of four – bar linkage with clearance based on sensitivity analysis, Mechanical Engineering and Green Manufacturing, 2010, 1 – 2, 1656 – 1660.

345. H. P. Tang, C. Q. Hao, Y. Z. Jiang, L. Du, Forming process and numerical simulation of making upset on oil drill pipe, Acta Metallurgica Sinica – English Letters, 2010, 23, 1, 72 – 80.

346. S. Y. Chen, J. Y. Tang, C. W. Luo, Effects of the gear tooth modification on the nonlinear dynamics of gear transmission system, Manufacturing Science and Engineering, 2010, 97 – 101, 1 – 5, 2764 – 2769.

347. J. Zhao, K. Yu, X. Y. Xue, D. H. Mao, J. P. Li, Effects of ultrasonic treatment on the tensile properties and microstructure of twin roll casting Mg – 3% Al – 1% Zn – 0. 8% Ce – 0. 3% Mn (wt%) alloy strips, Journal of Alloys and Compounds, 2011, 509, 34, 8607 – 8613.

348. H. Gong, Y. X. Wu, K. Liao, Prediction model of residual stress field in aluminum alloy plate, Journal of Central South University of Technology, 2011, 18, 2, 285 – 289.

349. G. J. Hua, Y. X. Wu, S. A. Wang, Study of concrete pump truck structural health monitoring, Manufacturing Engineering and Automation I, 2011, 139 – 141, 1 – 3, 2513 – 2516.

350. H. B. Tang, Y. X. Wu, C. X. Ma, Inner leakage fault diagnosis of hydraulic cylinder using wavelet energy, Manufacturing Engineering and Automation I, 2011, 139 – 141, 1 – 3, 2517 – 2521.

351. Y. H. Hu, Y. X. Wu, G. Y. Wang, J. K. Guo, Surface yield strength gradient versus residual stress relaxation of 7075 aluminum alloy, Materials Science and Engineering Applications, 2011, 160 – 162, 1 – 3, 241 – 246.

352. F. F. Wang, L. H. Zhan, M. H. Huang, Y. J. Wang, M. Liu, Study the effect of synchronized force on combination frame structure of large forging press, Key

Engineering Materials, 2011, 464, 576 – 582.

353. J. A. Duan, D. F. Liu, On the lapping mechanism of optical fiber end – surfaces using fixed diamond abrasive films, Journal of Manufacturing Science and Engineering – Transactions of the ASME, 2011, 133, 2.

354. J. A. Duan, H. B. Zhou, N. P. Guo, Electromagnetic design of a novel linear maglev transportation platform with finite – element analysis, IEEE Transactions on Magnetics, 2011, 47, 1, 260 – 263.

355. X. M. Lai, J. A. Duan, Probabilistic approach to mechanism reliability with multi – influencing factors, Proceedings of the Institution of Mechanical Engineers Part C – Journal of Mechanical Engineering Science, 2011, 225, C12, 2991 – 2996.

356. H. S. Liu, X. A. Qiao, Z. H. Chen, R. P. Jiang, X. Q. Li, Effect of ultrasonic vibration during casting on microstructures and properties of 7050 aluminum alloy, Journal of Materials Science, 2011, 46, 11, 3923 – 3927.

357. Y. M. Xia, G. Q. Zhang, S. J. Nie, Y. Y. Bu, Z. H. Zhang, Optimal control of cobalt crust seabed mining parameters based on simulated annealing genetic algorithm, Journal of Central South University of Technology, 2011, 18, 3, 650 – 657.

358. S. Q. Huang, Y. P. Yi, P. C. Li, A novel method of multi – scale simulation of macro – scale deformation and microstructure evolution on metal forming, AIP Conference Proceedings, 2011, 1353, 103 – 108.

359. S. Q. Huang, Y. P. Yi, Y. X. Zhang, Microstructure simulation of aluminium alloy wheel die forging using cellular automaton, Advances in Superalloys, 2011, 146 – 147, 1 – 2, 1056 – 1061.

360. S. Q. Huang, Y. P. Yi, M. T. Xie, A novel method of modeling the deformation resistance for clad sheet, AIP Conference Proceedings, 2011, 1383, 533 – 540.

361. Q. M. Li, Q. H. Qin, H. Deng, Analysis and comparison of contact forces between the constrained tongs and the under – constrained tongs, Manufacturing Engineering and Automation I, 2011, 139 – 141, 1 – 3, 2326 – 2330.

362. Q. M. Li, Q. H. Qin, H. Deng, Force closure analysis for the forging gripping mechanisms, Advanced Science Letters, 2011, 4, 6 – 7, 2159 – 2163.

363. L. H. Zhan, J. G. Lin, T. A. Dean, M. H. Huang, Experimental studies and constitutive modelling of the hardening of aluminium alloy 7055 under creep age forming conditions, International Journal of Mechanical Sciences, 2011, 53, 8, 595 – 605.

364. L. H. Zhan, J. G. Lin, D. Balint, Review of materials and process

modeling techniques for creep age forming, Materials Processing Technologies, 2011, 154 – 155, 1 – 2, 1439 – 1445.

365. L. H. Zhan, J. G. Lin, T. A. Dean, A review of the development of creep age forming: Experimentation, modelling and applications, International Journal of Machine Tools & Manufacture, 2011, 51, 1, 1 – 17.

366. J. H. Li, L. G. Liu, B. K. Ma, L. H. Deng, L. Han, Dynamics features of cu – wire bonding during overhang bonding process, IEEE Electron Device Letters, 2011, 32, 12, 1731 – 1733.

367. J. H. Li, R. S. Wang, L. Han, F. L. Wang, Z. L. Long, HRTEM and X – ray diffraction analysis of Au wire bonding interface in microelectronics packaging, Solid State Sciences, 2011, 13, 1, 72 – 76.

368. J. H. Li, L. G. Liu, L. H. Deng, B. K. Ma, F. L. Wang, L. Han, Interfacial microstructures and thermodynamics of thermosonic Cu – wire bonding, IEEE Electron Device Letters, 2011, 32, 10, 1433 – 1435.

369. J. H. Li, B. K. Ma, R. S. Wang, L. Han, Study on a cooling system based on thermoelectric cooler for thermal management of high – power LEDs, Microelectronics Reliability, 2011, 51, 12, 2210 – 2215.

370. J. H. Li, L. H. Deng, B. K. Ma, L. G. Liu, F. L. Wang, L. Han, Investigation of the characteristics of overhang bonding for 3 – D stacked dies in microelectronics packaging, Microelectronics Reliability, 2011, 51, 12, 2236 – 2242.

371. C. J. Shuai, C. D. Gao, Y. Nie, H. L. Hu, Y. Zhou, S. P. Peng, Structure and properties of nano – hydroxypatite scaffolds for bone tissue engineering with a selective laser sintering system, Nanotechnology, 2011, 22, 28.

372. C. J. Shuai, C. D. Gao, Y. Nie, H. L. Hu, S. P. Peng, Microstructure analysis in the coupling region of fiber coupler with a novel electrical micro – heater, Optical Fiber Technology, 2011, 17, 6, 541 – 545.

373. C. J. Shuai, C. D. Gao, Y. Nie, S. P. Peng, The development of a novel fused bi – conical taper machine with an electrical resistance micro – heater, Advanced Science Letters, 2011, 4, 6 – 7, 2032 – 2036.

374. C. J. Shuai, C. D. Gao, Y. Nie, S. P. Peng, Movement realization of a novel fused biconical taper system based on electrical heater, Materials Science Forum, 2011, 663 – 665, 637 – 640.

375. Y. C. Lin, X. N. Fang, Y. Q. Jiang, H. Jin, Ultrasonic bond process for polymer – based anisotropic conductive film joints. Part 2: Application in chip – on – FR4 board assemblies, Polymer Testing, 2011, 30, 4, 449 – 456.

376. Y. C. Lin, X. M. Chen, G. Chen, Uniaxial ratcheting and low – cycle fatigue failure behaviors of AZ91D magnesium alloy under cyclic tension deformation, Journal of Alloys and Compounds, 2011, 509, 24, 6838 – 6843.

377. Y. C. Lin, L. T. Li, Y. C. Xia, A new method to predict the metadynamic recrystallization behavior in 2124 aluminum alloy, Computational Materials Science, 2011, 50, 7, 2038 – 2043.

378. Y. C. Lin, X. M. Chen, Y. C. Xia, Artificial neural network for predicting the flow behaviors of hot compressed 2124 – T851 aluminum alloy, Advances in Superalloys, 2011, 146 – 147, 1 – 2, 720 – 723.

379. Y. C. Lin, H. Jin, X. N. Fang, Effects of ultrasonic bonding process on polymer – based anisotropic conductive film joints in chip – on – glass assemblies, Polymer Testing, 2011, 30, 3, 318 – 323.

380. Y. C. Lin, X. M. Chen, A critical review of experimental results and constitutive descriptions for metals and alloys in hot working, Materials & Design, 2011, 32, 4, 1733 – 1759.

381. Y. C. Lin, X. M. Chen, J. Zhang, Uniaxial ratchetting behavior of anisotropic conductive adhesive film under cyclic tension, Polymer Testing, 2011, 30, 1, 8 – 15.

382. Y. C. Lin, Y. Din, Y. X. Fu, M. S. Chen, Y. C. Xia, L. T. Li, Y. Q. Jiang, Effects of stretching processing parameters on the mean elongation ratio and maximum spread ratio of heavy forgings, Journal of Materials Science, 2011, 46, 23, 7536 – 7544.

383. Y. C. Lin, X. M. Chen, A combined johnson – cook and zerilli – armstrong model for hot compressed typical high – strength alloy steel, Computational Materials Science, 2011, 50, 10, 3073 – 3073.

384. Y. C. Lin, H. Jin, X. N. Fang, J. Zhang, Effects of ultrasonic power on bonding strength of anisotropic conductive film joint in chip – on – glass assembly, Advanced Materials Research, 2011, 189 – 193, 1 – 5, 3466 – 3469.

385. Y. Zhou, C. J. Shuai, P. Feng, A finite element analysis simulation model of one – spacer nozzle's flow field of Al roll – casting using coupled fluid – thermal analysis, Micro Nano Devices, Structure and Computing Systems, 2011, 159, 691 – 696.

386. F. L. Wang, Y. Chen, L. Han, Ultrasonic vibration at thermosonic flip – chip bonding interface, IEEE Transactions on Components Packaging and Manufacturing Technology, 2011, 1, 6, 852 – 858.

387. H. B. Zhou, H. Ying, Deriving the input − output mathematical relationship for a class of interval Type − 2 mamdani fuzzy controllers, IEEE International Conference on Fuzzy Systems, 2011, 2589 − 2593.

388. H. B. Zhou, H. Ying, J. A. Duan, Adaptive control using interval Type − 2 fuzzy logic for uncertain nonlinear systems, Journal of Central South University of Technology, 2011, 18, 3, 760 − 766.

389. H. B. Zhou, J. A. Duan, A novel levitation control strategy for a class of redundant actuation maglev system, Control Engineering Practice, 2011, 19, 12, 1468 − 1478.

390. X. J. Lu, H. X. Li, Robust design for dynamic system under model uncertainty, Journal of Mechanical Design, 2011, 133, 2.

391. X. J. Lu, M. H. Huang, Y. B. Li, M. Chen, Subspace − modeling − based nonlinear measurement for process design, Industrial & Engineering Chemistry Research, 2011, 50, 23, 13457 − 13465.

392. H. N. Wu, H. X. Li, Robust adaptive neural observer design for a class of nonlinear parabolic PDE systems, Journal of Process Control, 2011, 21, 8, 1172 − 1182.

393. Y. G. Yu, H. X. Li, Adaptive hybrid projective synchronization of uncertain chaotic systems based on backstepping design, Nonlinear Analysis − Real World Applications, 2011, 12, 1, 388 − 393.

394. Q. Hu, S. J. Liu, H. Zheng, Design and implementation of model test installation of heave compensation system of deepsea mining, Journal of Central South University of Technology, 2011, 18, 3, 642 − 649.

395. X. Z. Hu, S. J. Liu, Numerical simulation of calm water entry of flatted − bottom seafloor mining tool, Journal of Central South University of Technology, 2011, 18, 3, 658 − 665.

396. Y. H. Zeng, S. J. Liu, J. Q. E, Neuron PI control for semi − active suspension system of tracked vehicle, Journal of Central South University of Technology, 2011, 18, 2, 444 − 450.

397. J. P. Tan, Y. L. Liu, Y. Xu, Z. Y. Zhu, H. T. Liu, Study on phase angle of blood pump control system driven by large gap magnetic field, Advanced Science Letters, 2011, 4, 4 − 5, 1357 − 1360.

398. J. P. Tan, Y. L. Liu, Y. Xu, Z. J. Liu, Z. Y. Zhu, T. T. Jiang, Dynamic characteristics of a large gap magnetic driving blood pump during start − up process, Magnetohydrodynamics, 2011, 47, 3, 283 − 294.

399. X. Chen, J. P. Tan, Z. Yun, Particle tracking computational prediction of hemolysis by blade of micro – axial blood pump, Materials Science and Engineering Applications, 2011, 160 – 162, 1 – 3, 1779 – 1786.

400. Z. H. Huang, Y. Xie, Cutter cutting cobalt – rich crusts with water jet, Mechanika, 2011, 4, 455 – 459.

401. Z. Y. He, Q. H. He, Study of pressure pulsations attenuation in hydraulic system, Advanced Materials Research, 2011, 139 – 141, 1 – 3, 1040 – 1043.

402. H. M. Kang, Q. H. He, J. X. Zhu, Y. S. Xu, Dynamic optimization of lift – arm luffing mechanism of rotary drilling rig, Advanced Manufacturing Technology, 2011, 156 – 157, 1 – 2, 1256 – 1260.

403. J. L. He, R. B. Jiang, B. Liu, X. Zhao, Q. H. He, The study and design of UAV dynamic inversion flight control law, Manufacturing Engineering and Automation I, 2011, 139 – 141, 1 – 3, 1757 – 1762.

404. B. Y. Jiang, Z. Zhou, Y. Liu, Research on bonding of PMMA microfluidic chip with precisely controlled bonding pressure, Advanced Materials Research, 2011, 221, 8 – 14.

405. Y. C. Yuan, Y. L. Liu, Y. Li, Optimization design of the web press's fold mechanism based on robustness, Printing and Packaging Study, 2011, 174, 277 – 281.

406. L. L. Jiang, Y. L. Liu, X. J. Li, A. H. Chen, Degradation assessment and fault diagnosis for roller bearing based on AR model and fuzzy cluster analysis, Shock and Vibration, 2011, 18, 1 – 2, 127 – 137.

407. L. L. Jiang, Y. L. Liu, X. J. Li, S. W. Tang, Using bispectral distribution as a feature for rotating machinery fault diagnosis, Measurement, 2011, 44, 7, 1284 – 1292.

408. B. Y. Xu, Y. L. Liu, X. D. Wang, F. Dong, Stochastic excitation model of strip rolling mill, Advanced Materials Research, 2011, 216, 1 – 2, 378 – 382.

409. B. Y. Xu, Y. L. Liu, X. D. Wang, Y. Q. Wang, Stochastic stability of hot strip rolling mill rolls, Advanced Materials Research, 2011, 216, 1 – 2, 698 – 702.

410. Y. Guo, J. P. Hu, L. Y. Zhang, Finite – element analysis of multi – body contacts for pile driving using a hydraulic pile hammer, Proceedings of the Institution of Mechanical Engineers Part C – Journal of Mechanical Engineering Science, 2011, 225, C5, 1153 – 1161.

411. A. L. Wang, Q. Long, Forced response characteristics of bladed disks with mistuning non – linear friction, Journal of Central South University of Technology,

2011, 18, 3, 679 – 684.

412. A. L. Wang, B. H. Sun, J. B. Chen, Vibration localization analysis of bladed disk with grouped blades, Manufacturing Engineering and Automation I, 2011, 139 – 141, 1 – 3, 2307 – 2311.

413. J. Y. Tang, H. F. Chen, S. Y. Chen, A nonlinear dynamics bond graph model of gear transmission, Manufacturing Engineering and Automation I, 2011, 139 – 141, 1 – 3, 933 – 937.

414. J. Y. Tang, Q. B. Wang, C. W. Luo, Study on effect of surface friction on the dynamic behaviours of cylindrical gear transmission, Manufacturing Engineering and Automation I, 2011, 139 – 141, 1 – 3, 2316 – 2321.

415. K. H. Zhou, J. Y. Tang, Envelope – approximation theory of manufacture technology for point – contact tooth surface on six – axis CNC hypoid generator, Mechanism and Machine Theory, 2011, 46, 6, 806 – 819.

416. S. Y. Chen, J. Y. Tang, C. W. Luo, Q. B. Wang, Nonlinear dynamic characteristics of geared rotor bearing systems with dynamic backlash and friction, Mechanism and Machine Theory, 2011, 46, 4, 466 – 478.

417. J. F. He, H. Deng, B. M. Lou, W. K. Fu, Entirety transformation mechanism and topological – type synthesis for heavy – duty gripping devices, Science China – Technological Sciences, 2011, 54, 2, 471 – 478.

418. Y. Zhou, C. J. Shuai, P. Feng, A finite element analysis simulation model of one – spacer nozzle's flow field of Al roll – casting using coupled fluid – thermal analysis, Advanced Materials Research, 2011, 159, 691 – 696.

419. W. J. Yuan, Y. X. Wu, Parameter simulation for quenching and pre – stretching about aluminum alloy thick plates based on MARC finite element, New Materials and Advanced Materials, 2011, 152 – 153, 1 – 2, 357 – 362.

420. G. L. Liu, M. H. Huang, Q. Tan, X. F. Li, Z. Liu, Analysis of complete plasticity assumption for solid circular shaft under pure torsion and calculation of shear stress, Journal of Central South University of Technology, 2011, 18, 4, 1018 – 1023.

421. J. C. Dai, Y. P. Hu, D. S. Liu, X. Long, Aerodynamic loads calculation and analysis for large scale wind turbine based on combining BEM modified theory with dynamic stall model, Renewable Energy, 2011, 36, 3, 1095 – 1104.

422. J. C. Dai, Y. P. Hu, D. S. Liu, X. Long, Modelling and characteristics analysis of the pitch system of large scale wind turbines, Proceedings of the Institution of Mechanical Engineers Part C – Journal of Mechanical Engineering Science, 2011, 225, C3, 558 – 567.

423. K Liao, Y. X. Wu, Research of correctness on internal stress measurement in aluminum alloy thick plate, Advanced Materials Research, 2012, 383 – 390, 1 – 18, 3272 – 3278.

424. S. Y. Zhang, Y. X. Wu, H. Gong, A modeling of residual stress in stretched aluminum alloy plate, Journal of Materials Processing Technology, 2012, 212, 11, 2463 – 2473.

425. Z. Q. Sun, M. H. Huang, G. H. Hu, Surface treatment of new type aluminum lithium alloy and fatigue crack behaviors of this alloy plate bonded with Ti – 6Al – 4V alloy strap, Materials & Design, 2012, 35, 725 – 730.

426. J. A. Duan, D. F. Liu, Influence of kinematic variables on apex offset in polishing process of fiber optic connectors, Precision Engineering – Journal of the International Societies for Precision Engineering and Nanotechnology, 2012, 36, 2, 281 – 287.

427. X. Q. Li, D. X. Chen, R. P. Jiang, Effect of ultrasonic field on centerline segregation of cast aluminum alloy 7050 ingots, Advanced Materials Research, 2012, 399 – 401, 66 – 70.

428. X. Q. Li, R. P. Jiang, Z. H. Li, L. H. Zhang, X. Zhang, Characteristics and formation mechanism of segregation during the solidification of aluminum alloy with ultrasonic radiation, Materials Science Forum, 2012, 697 – 698, 383 – 388.

429. J. P. Lai, R. P. Jiang, H. S. Liu, X. L. Dun, Y. F. Li, X. Q. Li, Influence of cerium on microstructures and mechanical properties of Al – Zn – Mg – Cu alloys, Journal of Central South University of Technology, 2012, 19, 4, 869 – 874.

430. J. J. Tian, L. Han, Experimental study of kick up phenomenon in thermosonic wire – bonding, Applied Mechanics and Materials, 2012, 160, 77 – 81.

431. Y. M. Xia, T. Ouyang, X. M. Zhang, D. Z. Luo, Mechanical model of breaking rock and force characteristic of disc cutter, Journal of Central South University of Technology, 2012, 19, 7, 1846 – 1852.

432. Y. M. Xia, F. Wu, L. Cheng, Z. H. Zhang, Optimal design of disc cutter structure parameter based on genetic algorithm, Applied Mechanics and Materials, 2012, 130 – 134, 1 – 5, 919 – 922.

433. Y. M. Xia, Z. H. Zhang, B. Shen, Optimal design of cobalt crust cutting head structure parameter based on genetic algorithm, Advanced Materials Research, 2012, 468 – 471, 1 – 4, 2370 – 2373.

434. J. P. Li, L. B. Zeng, D. H. Mao, H. F. Jiang, Experimental research on ultrasound cast – rolling lead alloy strip, Advanced Materials Research, 2012, 366,

181 – 186.

435. S. J. Zhang, G. L. Deng, C. Zhou, Temperature field analysis of dispensing jet based on GMA, Applied Mechanics and Materials, 2012, 130 – 134, 1 – 5, 1821 – 1824.

436. M. Jiang, H. Deng, Optimal combination of spatial basis functions for the model reduction of nonlinear distributed parameter systems, Communications in Nonlinear Science and Numerical Simulation, 2012, 17, 12, 5240 – 5248.

437. H. Deng, M. Jiang, C. Q. Huang, New spatial basis functions for the model reduction of nonlinear distributed parameter systems, Journal of Process Control, 2012, 22, 2, 404 – 411.

438. Y. Pan, H. Deng, Model reduction of a two – link rigid – flexible manipulator based on spectral approximation method, Advanced Materials Research, 2012, 383 – 390, 1 – 8, 2654 – 2660.

439. Y. Zhang, H. Deng, Y. Zhang, Synchronization control of space voltage vector controlled multi – PMSM based on adjacent cross – coupling, Advanced Materials Research, 2012, 383 – 390, 1 – 8, 6931 – 6937.

440. H. Y. Wang, C. Q. Huang, H. Deng, Prediction on transverse thickness of hot rolling aluminum strip based on BP neural network, Applied Mechanics and Materials, 2012, 157 – 158, 1 – 2, 78 – 83.

441. Q. Wang, H. Deng, Z. Xu, Comparative simulation research between rigid body and flexible body for double – gear parallel driving systems, Applied Mechanics and Materials, 2012, 157 – 158, 1 – 2, 214 – 219.

442. W. H. Ding, H. Deng, Y. Zhang, Y. Q. Ren, Optimum design of the jaw clamping mechanism of forging manipulators based on force transmissibility, Applied Mechanics and Materials, 2012, 157 – 158, 1 – 2, 737 – 742.

443. X. G. Duan, H. X. Li, H. Deng, Robustness of fuzzy PID controller due to its inherent saturation, Journal of Process Control, 2012, 22, 2, 470 – 476.

444. L. H. Zhang, Q. Q. Hu, Effect of ultrasonic cavitation acting on solidified structures of 7050 aluminum alloy, Advanced Materials Research, 2012, 399 – 401, 1 – 3, 55 – 61.

445. L. H. Zhan, S. G. Tan, M. H. Huang, J. Niu, Creep age – forming experiment and springback prediction for AA2524, Advanced Materials Research, 2012, 457 – 458, 1 – 2, 122 – 129.

446. J. H. Li, X. L. Zhang, L. G. Liu, L. H. Deng, L. Han, Effects of ultrasonic power and time on bonding strength and interfacial atomic diffusion during

thermosonic flip – chip bonding, IEEE Transactions on Components Packaging and Manufacturing Technology, 2012, 2, 3, 521 – 526.

447. C. J. Shuai, C. D. Gao, Y. Nie, P. J. Li, J. Y. Zhuang, H. L. Hu, S. P. Peng, Fabrication optimization of nanohydroxyapatite artificial bone scaffolds, Nano, 2012, 7, 3.

448. C. J. Shuai, Y. Nie, C. D. Gao, H. B. Lu, H. L. Hu, X. J. Wen, S. P. Peng, Poly (I – lactide acid) improves complete nano – hydroxyapatite bone scaffolds through the microstructure rearrangement, Electronic Journal of Biotechnology, 2012, 15, 6, 11.

449. C. J. Shuai, B. Yang, Y. Nie, H. L. Hu, S. P. Peng, Y. Zhou, Structural analysis and design optimization of a selective laser sintering system, Advanced Materials Research, 2012, 421, 544 – 547.

450. J. Y. Zhuang, D. F. Liu, C. D. Gao, H. L. Hu, L. Wang, C. J. Shuai, S. P. Peng, Realization of NURBS for cranium in a laser sintering machine, Advanced Materials Research, 2012, 421, 570 – 573.

451. Y. C. Lin, L. T. Li, Y. Q. Jiang, A phenomenological constitutive model for describing thermo – viscoplastic behavior of Al – Zn – Mg – Cu alloy under hot working condition, Experimental Mechanics, 2012, 52, 8, 993 – 1002.

452. Y. C. Lin, Y. C. Xia, X. S. Ma, Y. Q. Jiang, M. S. Chen, High – temperature creep behavior of Al – Cu – Mg alloy, Materials Science and Engineering A – Structural Materials Properties Microstructure and Processing, 2012, 550, 125 – 130.

453. Y. C. Lin, Q. F. Li, Y. C. Xia, L. T. Li, A phenomenological constitutive model for high temperature flow stress prediction of Al – Cu – Mg alloy, Materials Science and Engineering A – Structural Materials Properties Microstructure and Processing, 2012, 534, 654 – 662.

454. Y. C. Lin, L. T. Li, Y. X. Fu, Y. Q. Jiang, Hot compressive deformation behavior of 7075 Al alloy under elevated temperature, Journal of Materials Science, 2012, 47, 3, 1306 – 1318.

455. Y. C. Lin, Y. C. Xia, Y. Q. Jiang, L. T. Li, Precipitation in Al – Cu – Mg alloy during creep exposure, Materials Science and Engineering A – Structural Materials Properties Microstructure and Processing, 2012, 556, 796 – 800.

456. M. S. Chen, Y. C. Lin, X. S. Ma, The kinetics of dynamic recrystallization of 42CrMo steel, Materials Science and Engineering A – Structural Materials Properties Microstructure and Processing, 2012, 556, 260 – 266.

457. F. L. Wang, Y. Chen, Modeling study of thermosonic flip chip bonding process, Microelectronics Reliability, 2012, 52, 11, 2749 – 2755.

458. F. L. Wang, J. W. Qin, L. Han, H. S. Wang, Height measurement of micro – solder balls on metal pad by white light projection, IEEE Transactions on Components Packaging and Manufacturing Technology, 2012, 2, 9, 1545 – 1549.

459. F. L. Wang, Y. Chen, L. Han, Effect of capillary trace on dynamic loop profile evolution in thermosonic wire bonding, IEEE Transactions on Components Packaging and Manufacturing Technology, 2012, 2, 9, 1550 – 1557.

460. F. L. Wang, K. Xiang, L. Han, Dynamics of free air ball formation in thermosonic wire bonding, IEEE Transactions on Components Packaging and Manufacturing Technology, 2012, 2, 8, 1389 – 1393.

461. F. L. Wang, Y. Chen, L. Han, Experiment study of dynamic looping process for thermosonic wire bonding, Microelectronics Reliability, 2012, 52, 6, 1105 – 1111.

462. Y. Zheng, J. A. Duan, Alignment algorithms for planar optical waveguides, Optical Engineering, 2012, 51, 10.

463. H. Y. Wang, C. Q. Huang, H. Deng, Prediction on transverse thickness of hot rolling aluminum strip based on BP neural network, Applied Mechanics and Materials, 2012, 157 – 158, 1 – 2, 78 – 83.

464. X. J. Lu, H. X. Li, Probabilistic robust design for covariance minimization of nonlinear system, Mechanism and Machine Theory, 2012, 52, 195 – 205.

465. X. J. Lu, M. H. Huang, System – decomposition – based multilevel control for hydraulic press machine, IEEE Transactions on Industrial Electronics, 2012, 59, 4, 1980 – 1987.

466. X. J. Lu, H. X. Li, C. L. Philip Chen, Model – based probabilistic robust design with data – based uncertainty compensation for partially unknown system, Journal of Mechanical Design, 2012, 134, 2.

467. S. Q. Wang, H. X. Li, Bayesian inference based modelling for gene transcriptional dynamics by integrating multiple source of knowledge, BMC Systems Biology, 2012, 6, 1, S3.

468. G. Zhang, H. X. Li, Design a wind speed prediction model using probabilistic fuzzy system, IEEE Transactions on Industrial Informatics, 2012, 8, 4, 819 – 827.

469. G. Zhang, H. X. Li, An efficient configuration for probabilistic fuzzy logic system, IEEE Transactions on Fuzzy Systems, 2012, 20, 5, 898 – 909.

470. H. N. Wu, H. X. Li, A multiobjective optimization based fuzzy control for nonlinear spatially distributed processes with application to a catalytic rod, IEEE Transactions on Industrial Informatics, 2012, 8, 4, 860 – 868.

471. H. N. Wu, J. W. Wang, H. X. Li, Design of distributed H – infinity fuzzy controllers with constraint for nonlinear hyperbolic PDE systems, Automatica, 2012, 48, 10, 2535 – 2543.

472. J. H. Xie, K. Tian, L. He, T. R. Yang, X. H. Zhu, Modal experiment research on fluid – solid coupling vibration of hydraulic long – straight pipeline of shield machine, Applied Mechanics and Materials, 2012, 105 – 107, 1 – 3, 286 – 293.

473. Z. Wang, Q. H. Rao, S. J. Liu, Fluid – solid interaction of resistance loss of flexible hose in deep ocean mining, Journal of Central South University of Technology, 2012, 19, 11, 3188 – 3193.

474. J. Y. Zuo, S. J. Liu, Z. H. Huang, Q. Hu, Simulation analysis of the vibration characteristics of the parallel hybrid shaft system, Applied Mechanics and Materials, 2012, 190 – 191, 1 – 2, 825 – 831.

475. W. Tan, J. P. Tan, Y. L. Liu, Z. Tan, Electromagnetic and hydrodynamic characteristics of the extracorporeal magnetic driving system for an axial flow blood pump, Magnetohydrodynamics, 2012, 48, 3, 543 – 556.

476. X. Xie, J. P. Tan, H. T. Liu, Liu, Y. L. W. Tan, Z. Tan, Study on control parameters in the acceleration of axial flow blood pump, Applied Mechanics and Materials, 2012, 128 – 129, 1 – 2, 1031 – 1034.

477. H. Chen, Tan, J. P. J. L. Gong, X. Y. Cao, J. N. Zhou, Research on mathematic model and measuring method of moving beam attitude in large forging hydraulic press, Applied Mechanics and Materials, 2012, 128 – 129, 1 – 2, 1213 – 1216.

478. Y. L. Liu, J. P. Tan, Y. Xu, RC snubber circuit of large gap magnetic driven system, Applied Mechanics and Materials, 2012, 105 – 107, 1 – 3, 2076 – 2079.

479. K. Sun, W. Chen, J. P. Tan, Dynamic characteristics study on hydraulic impact of cartridge valve in high pressure and large flow depressurization process, Advanced Materials Research, 2012, 510, 350 – 355.

480. G. Q. Chen, J. P. Tan, X. Wang, H. Chen, 3D nonlinear contact FEM analysis of U – ring seal structure, Advanced Materials Research, 2012, 510, 660 – 666.

481. X. X. Huang, Q. Tan, Y. M. Xia, Z. Y. Liu, L. Cai, Calibration method

of 3D body measurement system using stripe grating projection, Advanced Materials Research, 2012, 503 – 504, 1 – 2, 1265 – 1269.

482. H. S. Wang, Z. Wu, R. Q. Wang, Analysis and control of acyclic triangle formations, European Journal of Control, 2012, 18, 3, 277 – 285.

483. Z. Wu, H. S. Wang, Research on active yaw mechanism of small wind turbines, Energy Procedia, 2012, 16, A, 53 – 57.

484. P. Liao, F. P. Deng, R. M. Ding, Y. X. Wu, Static and dynamic characteristics analysis of a high speed CNC lathe feeding system, Advanced Materials Research, 2012, 472 – 475, 1 – 4, 2052 – 2058.

485. P. Jiang, Y. H. Luo, Q. H. He, Y. Wang, W. W. Hu, The design of three – point laser localization system , Journal of Nanoelectronics and Optoelectronics, 2012, 7, 2, 144 – 148.

486. L. D. Liao, Q. H. He, D. Q. Zhang, H. H. Zheng, Resistance analysis and experiment of excavator during digging operation, Advanced Materials Research, 2012, 446 – 449, 1 – 4, 2750 – 2754.

487. L. D. Liao, Q. H. He, Z. L. Hu, Blind separation of excavator noise signals in frequency domain, Applied Mechanics and Materials, 2012, 105 – 107, 1 – 3, 723 – 728.

488. G. H. Zhang, Q. G. Chen, Independent component analysis of excavator noise, Lecture Notes in Artificial Intelligence, 2012, 7390, 332 – 340.

489. H. Q. Zhao, P. Liu, M. F. Shu, G. C. Wen, Simulation and optimization of a new hydraulic impactor, Applied Mechanics and Materials, 2012, 120, 3 – 10.

490. Y. Zhang, J. L. He, Y. Can, Z. Y. Liu, M. Z. Li, Novel shock – absorbing spring stiffness changes in automobile clutch driven plate application, Applied Mechanics and Materials, 2012, 190 – 191, 1 – 2, 1258 – 1260.

491. J. L. He, Z. Yuan, X. M. Zou, Fuzzy synthetic estimation of multi – process planning schemes in CAPP, Advanced Materials Research, 2012, 433 – 440, 1 – 8, 3070 – 3075.

492. J. L. He, Z. Yuan, Q. H. He, Clustering and real – time analysis of robot controller based on system on chip, Advanced Materials Research, 2012, 403 – 408, 1 – 6, 3797 – 3804.

493. X. H. Xie, L. Zhou, Space positioning of the 5 – DOF robotic excavator, Applied Mechanics and Materials, 2012, 130 – 134, 1 – 5, 3531 – 3535.

494. G. H. Liu, H. Z. Yan, J. J. Zhang, Optimization of cutting/tool parameters for dry high – speed spiral bevel and hypoid gear cutting with cutting simulation

experiment, Advanced Materials Research, 2012, 472 – 475, 1 – 4, 2088 – 2095.

495. B. Y. Jiang, J. L. Hu, J. Li, X. C. Liu, Ultrasonic plastification speed of polymer and its influencing factors, Journal of Central South University of Technology, 2012, 19, 2, 380 – 383.

496. Z. Fu, Y. L. Liu, X. Liu, Aluminum hot finishing rolling process parameters on the effect of temperature field distribution, Applied Mechanics and Materials, 2012, 103, 442 – 446.

497. F. S. Mu, Y. L. Liu, Development and Industry outlook of crushing technology, Applied Mechanics and Materials, 2012, 103, 498 – 503.

498. D. F. Liu, Y. J. Tang, W. L. Cong, A review of mechanical drilling for composite laminates, Composite Structures, 2012, 94, 4, 1265 – 1279.

499. D. F. Liu, W. L. Cong, Z. J. Pei, Y. J. Tang, A cutting force model for rotary ultrasonic machining of brittle materials, International Journal of Machine Tools & Manufacture, 2012, 52, 1, 77 – 84.

500. Y. J. Tang, P. F. Zhang, D. F. Liu, Z. J. Pei, W. L. Cong, Ultrasonic vibration – assisted pelleting of cellulosic biomass for biofuel manufacturing: A study on pellet cracks, Journal of Manufacturing Science and Engineering – Transactions of the ASME, 2012, 134, 5.

501. J. Y. Zhuang, D. F. Liu, C. D. Gao, H. L. Hu, L. Wang, C. J. Shuai, S. P. Peng, Realization of NURBS for cranium in a laser sintering machine, Advanced Materials Research, 2012, 421, 570 – 573.

502. S. B. Li, Y. L. Liu, Spiral flow capability research in the rotary cylinder, Applied Mechanics and Materials, 2012, 103, 209 – 213.

503. G. H. Zhu, Y. H. Zhang, J. L. Ren, T. H. Qiu, T. Wang, Flow simulation and analysis in a vertical – flow sedimentation tank, Energy Procedia, 2012, 16, A, 197 – 202.

504. A. L. Wang, Q. Huang, The effect of lashing wire location on mode localization of mistuned bladed disks, Advanced Materials Research, 2012, 510, 160 – 164.

505. H. Y. Yan, T. Zeng, Simulation of machining errors compensation of CNC spiral bevel gear grinding machine, Advanced Materials Research, 2012, 466 – 467, 1 – 2, 698 – 703.

506. H. L. Xu, G. Zhou, B. Wu, W. R. Wu, Influence of wave and current on deep – sea mining transporting system, Journal of Central South University of Technology, 2012, 19, 1, 144 – 149.

507. Z. Yun, X. Y. Tang, C. Xiang, F. Shi, The criterion of red blood cell's fragmentation and the turbulent flow field simulation analysis in the high – speed spiral blood pump, Advanced Materials Research, 2012, 422, 767 – 770.

508. Z. Yun, C. Xiang, X. Y. Tang, F. Shi, Study on the turbulent injury principle of blood in the high – speed spiral blood pump, Advanced Materials Research, 2012, 393 – 395, 1 – 3, 992 – 995.

509. X. Q. Zhao, Y. L. Liu, S. Huang, The graphical solution of transverse asymmetry parameter relationship in the rolling stage, Applied Mechanics and Materials, 2012, 103, 452 – 457.

510. Z. Y. Cao, R. G. Liu, W. R. Wu, Q. Chen, Analysis on engine stall issue of closed hydraulic system, Advanced Materials Research, 2012, 482 – 484, 1 – 3, 35 – 38.

511. Liao Kai, Wu Yunxin, Gong Hai, Influence of Mechanical Behavior between the Grains on Stress Fluctuation of Aluminum Alloy Thick Plate, Journal of WUHAN University of Technology – Materials Science Edition, 2013, 28, 6, 1212 – 1216

512. Sun, ZQ, Huang, MH Fatigue crack propagation of new aluminum lithium alloy bonded with titanium alloy strap, Chinese Journal of Aeronautics, 2013, 26, 3, 601 – 605

513. Xu, XL, Zhan, LH, Li, YG, Huang, MH, Constitutive modelling and springback prediction for creep age forming of 2124 aluminium alloy, Materials Science and Technology, 2013, 29, 9, 1139 – 1143

514. Zheng, Y., Duan, J. A. Transmission characteristics of planar optical waveguide devices on coupling interface, Optik, 2013, 124, 21, 5274 – 5279

515. Y. Zheng, J. A. Duan, H. M. Wang, W. J. Li, Automatic Planar Optical Waveguide Devices Packaging System Based on Polynomial Fitting Algorithm, Advances in Mechanical Engineering, 2013, 398092

516. Jiao, XJ, Ouyang, FP, Peng, SL, Li, JP, Duan, JA, Hu, YW Formation of all carbon heterojunction: through the docking of carbon nanotubes, Acta Physica Sinica, 2013, 62, 10

517. A. Yan, L. Chen, H. S. Liu, X. Q. Li, Fatigue crack propagation behaviour and corrosion resistance of Al – Zn – Mg – Cu – Ti(– Sn) alloys, Materials Science and Technology, 2013, 29, 3, 319 – 325.

518. M. Jiang, H. Deng, Improved empirical eigenfunctions based model reduction for nonlinear distributed parameter systems, Industrial & Engineering Chemistry Research, 2013, 52, 2, 934 – 940.

519. Duan, Xiao – Gang, Deng, Hua, Li, Han – Xiong, A Saturation – Based Tuning Method for Fuzzy PID Controller, IEEE Transactions on Industrial Electronics, 2013, 60, 11, 5177 – 5185

520. Ren, YQ, Duan, XG, Li, HX, 7 Chen, CLP Multi – variable fuzzy logic control for a class of distributed parameter systems, Journal of Process Control, 2013, 23, 3, 351 – 358

521. C. J. Shuai, C. D. Gao, P. Feng, S. P. Peng, X. J. Wen, Grain Growth Associates Mechanical Properties in Nano – Hydroxyapatite Bone Scaffolds, Journal of Nanoscience and Nanotechnology, 2013, 13, 8, 5340 – 5345

522. C. J. Shuai, Y. Nie, C. D. Gao, P. Feng, J. Y. Zhuang, Y. Zhou, S. P. Peng, The microstructure evolution of nanohydroxapatite powder sintered for bone tissue engineering, Journal of Experimental Nanoscience, 2013, 8, 5, 598 – 609

523. C. J. Shuai, P. Feng, C. D. Gao, S. P. Peng, Processing and characterization of laser sintered hydroxyapatite scaffold for tissue engineering, Biotechnology and Bioprocess Engineering, 2013, 18, 3, 520 – 527.

524. C. J. Shuai, Z. Z. Mao, C. D. Gao, J. L. Liu, S. P. Peng, Development of Complex Porous Polyvinyl Alcohol Scaffolds: Microstructure, Mechanical, and Biological Evaluations, Journal of Mechanics in Medicine and Biology, 2013, 13, 3.

525. C. J. Shuai, J. Y. Zhuang, H. L. Hu, S. P. Peng, D. F. Liu, J. L. Liu, In vitro bioactivity and degradability of beta – tricalcium phosphate porous scaffold fabricated via selective laser sintering, Biotechnology and Applied Biochemistry, 2013, 60, 2, 266 – 273

526. C. J. Shuai, P. Feng, Y. Nie, H. L. Hu, J. L. Liu, S. P. Peng, Nano – Hydroxyapatite Improves the Properties of beta – tricalcium Phosphate Bone Scaffolds, International Journal of Applied Ceramic Technology, 2013, 10, 6, 1003 – 1013

527. C. J. Shuai, P. Feng, L. Y. Zhang, C. D. Gao, H. L. Hu, S. P. Peng, A. J. Min, Correlation between properties and microstructure of laser sintered porous beta – tricalcium phosphate bone scaffolds, Science and Technology Advanced Materials, 2013, 14, 5.

528. C. J. Shuai, B. Yang, S. P. Peng, Z. Li, Development of composite porous scaffolds based on poly (lactide – co – glycolide)/nano – hydroxyapatite via selective laser sintering, International Journal of Advanced Manufacturing Technology, 2013, 69, 1 – 4, 51 – 57

529. C. J. Shuai, P. J. Li, P. Feng, H. B. Lu, S. P. Peng, J. L. Liu, Analysis of Transient Temperature Distribution During the Selective Laser Sintering of beta –

tricalcium Phosphate, Lasers in Engineering, 2013, 26, 1 – 2, 71 – 80

530. C. J. Shuai, P. J. Li, J. L. Liu, S. P. Peng, Optimization of TCP/HAP ratio for better properties of calcium phosphate scaffold via selective laser sintering, Materials Characterization, 2013, 77, 23 – 31.

531. C. J. Shuai, Z. Z. Mao, H. B. Lu, Y. Nie, H. L. Hu, S. P. Peng, Fabrication of porous polyvinyl alcohol scaffold for bone tissue engineering via selective laser sintering, Biofabrication, 2013, 5, 1.

532. C. J. Shuai, P. Feng, C. D. Gao, Y. Zhou, S. P. Peng, Simulation of dynamic temperature field during selective laser sintering of ceramic powder, Mathematical and Computer Modelling of Dynamical Systems, 2013, 19, 1, 1 – 11.

533. C. D. Gao, B. Yang, H. L. Hu, J. L. Liu, C. J. Shuai, S. P. Peng, Enhanced sintering ability of biphasic calcium phosphate by polymers used for bone scaffold fabrication, Materials Science & Engineering C – Materials for Biological Applications, 2013, 33, 7, 3802 – 3810

534. Z. Li, C. J. Shuai, X. Y. Li, X. L. Li, J. J. Xiang, G. Y. Li, Mechanism of poly – l – lysine – modified iron oxide nanoparticles uptake into cells, Journal of Biomedical Materials Research Part A, 2013, 101, 10, 2846 – 2850

535. J. L. Liu, H. L. Hu, P. J. Li, C. J. Shuai, S. P. Peng, Fabrication and Characterization of Porous 45S5 Glass Scaffolds via Direct Selective Laser Sintering, Materials and Manufacturing Processes, 2013, 28, 6, 610 – 615

536. J. L. Liu, C. J. Zhao, H. L. Hu, C. J. Shuai, Systemic optimization of linear cavity Yb – doped double – clad fiber laser, Optik, 2013, 124, 9, 793 – 797

537. Y. C. Lin, Y. Q. Jiang, X. M. Chen, D. X. Wen, H. M. Zhou, Effect of creep – aging on precipitates of 7075 aluminum alloy, Materials Science and Engineering A – Structural Materials Properties Microstructure and Processing, 2013, 588, 347 – 356.

538. X. M. Chen, Y. C. Lin, J. Chen, Low – cycle fatigue behaviors of hot – rolled AZ91 magnesium alloy under asymmetrical stress – controlled cyclic loadings, Journal of Alloys and Compounds, 2013, 579, 540 – 548.

539. Y. Q. Jiang, Y. C. Lin, C. Phaniraj, Y. C. Xia, H. M. Zhou, Creep and Creep – rupture Behavior of 2124 – T851 Aluminum Alloy, High Temperature Materials and Processes, 2013, 32, 6, 533 – 540.

540. Y. C. Lin, Y. Ding, M. S. Chen, J. Deng, A new phenomenological constitutive model for hot tensile deformation behaviors of a typical Al – Cu – Mg alloy, Materials & Design, 2013, 52, 118 – 127. 541. Y. C. Lin, Z. H. Liu, X. M. Chen,

J. Chen, Stress – based fatigue life prediction models for AZ31B magnesium alloy under single – step and multi – step asymmetric stress – controlled cyclic loadings, Computational Materials Science, 2013, 73, 128 – 138.

542. L. T. Li, Y. C. Lin, H. M. Zhou, Y. Q. Jiang, Modeling the high – temperature creep behaviors of 7075 and 2124 aluminum alloys by continuum damage mechanics model, Computational Materials Science, 2013, 73, 72 – 78.

543. Y. C. Lin, Z. H. Liu, X. M. Chen, J. Chen, Uniaxial ratcheting and fatigue failure behaviors of hot – rolled AZ31B magnesium alloy under asymmetrical cyclic stress – controlled loadings, Materials Science and Engineering A – Structural Materials Properties Microstructure and Processing, 2013, 573, 234 – 244.

544. Y. C. Lin, Y. C. Xia, Y. Q. Jiang, H. M. Zhou, L. T. Li, Precipitation hardening of 2024 – T3 aluminum alloy during creep aging, Materials Science and Engineering A – Structural Materials Properties Microstructure and Processing, 2013, 565, 420 – 429.

545. Y. C. Lin, X. M. Chen, Z. H. Liu, J. Chen, Investigation of uniaxial low – cycle fatigue failure behavior of hot – rolled AZ91 magnesium alloy, International Journal of Fatigue, 2013, 48, 122 – 132.

546. Y. C. Lin, L. T. Li, Y. C. Xia, Y. Q. Jiang, Hot deformation and processing map of a typical Al – Zn – Mg – Cu alloy, Journal of Alloys and Compounds, 2013, 550, 438 – 445.

547. Y. C. Lin, Y. C. Xia, M. S. Chen, L Y. Q. Jiang, . T. Li, Modeling the creep behavior of 2024 – T3 Al alloy, Computational Materials Science, 2013, 67, 243 – 248.

548. J. Deng, Y. C. Lin, S. S. Li, J. Chen, Y. Ding, Hot tensile deformation and fracture behaviors of AZ31 magnesium alloy, Materials & Design, 2013, 49, 209 – 219.

549. M. S. Chen, Y. C. Lin, Numerical simulation and experimental verification of void evolution inside large forgings during hot working, International Journal of Plasticity, 2013, 49, 53 – 70.

550. J. H. Li, X. L. Zhang, L. G. Liu, L. Han, Interfacial Characteristics and Dynamic Process of Au – and Cu – Wire Bonding and Overhang Bonding in Microelectronics Packaging, Journal of Microelectromechanical Systems, 2013, 22, 3, 560 – 568.

551. F. L. Wang, W. D. Tang, L. Han, Variable – Length Link – Spring Model of Wire – Bonding Looping Process, IEEE Transactions on Components Packaging and

Manufacturing Technology, 2013, 3, 8, 1279 – 1285.

552. F. L. Wang, L. Han, Experimental Study of Thermosonic Gold Bump Flip – Chip Bonding With a Smooth End Tool, IEEE Transactions on Components Packaging and Manufacturing Technology, 2013, 3, 6, 930 – 934.

553. F. L. Wang, W. D. Tang, J. H. Li, L. Han, Variable – Length Link – Spring Model for Kink Formation During Wire Bonding, Journal of Electronic Packaging, 2013, 135, 4.

554. F. L. Wang, Y. Chen, Experimental and Modeling Studies of Looping Process for Wire Bonding, Journal of Electronic Packaging, 2013, 135, 4.

555. F. L. Wang, L. Han, Ultrasonic effects in the thermosonic flip chip bonding process, IEEE Transactions on Components Packaging and Manufacturing Technology, 2013, 3, 2, 336 – 341.

556. F. L. Wang, Y. Chen, L. Han, Modeling of deep cavity looping process on 3 – D stacked die package, IEEE Transactions on Semiconductor Manufacturing, 2013, 26, 1, 169 – 175.

557. H. X. Li, J. L. Yang, G. Zhang, B. Fan, Probabilistic support vector machines for classification of noise affected data, Information Sciences, 2013, 221, 60 – 71.

558. Z. Liu, C. L. P. Chen, Y. Zhang, H. X. Li, Y. N. Wang, A three – domain fuzzy wavelet system for simultaneous processing of time – frequency information and fuzziness, IEEE Transactions on Fuzzy Systems, 2013, 21, 1, 176 – 183.

559. Z. Liu, C. L. P. Chen, Y. Zhang, H. X. Li, Y. N. Wang, A Three – Domain Fuzzy Wavelet System for Simultaneous Processing of Time – Frequency Information and Fuzziness, IEEE Transactions on Fuzzy Systems, 2013, 21, 1, 176 – 183

560. X. J. Lu, M. H. Huang, Nonlinear – measurement – based integrated robust design and control for manufacturing system, IEEE Transactions on Industrial Electronics, 2013, 60, 7, 2711 – 2720.

561. X. J. Lu, M. H. Huang, Multi – domain modeling based robust design for nonlinear manufacture system, International Journal of Mechanical Sciences, 2013, 75, 80 – 86

562. X. J. Lu, Y. B. Li, M. H. Huang, Operation – Region – Decomposition – Based Singular Value Decomposition/Neural Network Modeling Method for Complex Hydraulic Press Machines, Industrial & Engineering Chemistry Research, 2013, 52, 48, 17221 – 17228

563. Y. B. Li, M. H. Huang, Q. Pan, M. Chen, Wavelength dependent loss of splice of single – mode fibers, Journal of Central South University, 2013, 20, 7, 1832 – 1837

564. Y. B. Li, Q. Pan, M. H. Huang, Model – based parameter identification of comprehensive friction behaviors for giant forging press, Journal of Central South University, 2013, 20, 9, 2359 – 2365,

565. H. S. Wang, Q. Zhang, F. L. Wang, Iterative circle fitting based on circular attracting factor, Journal of Central South University, 2013, 20, 10, 2663 – 2675

566. Y. Dai, S. J. Liu, Theoretical design and dynamic simulation of new mining paths of tracked miner on deep seafloor, Journal of Central South University, 2013, 20, 4, 918 – 923

567. Y. Dai, S. J. Liu, An integrated dynamic model of ocean mining system and fast simulation of its longitudinal reciprocating motion, China Ocean Engineering, 2013, 27, 2, 231 – 244.

568. B. Y. Jiang, L. J. Shen, C. Weng, A weight analysis for the replication accuracy improvement of injection – molded microlens arrays, Optoelectronics and Advanced Materials – Rapid Communications, 2013, 7, 3 – 4, 173 – 178

569. D. J. Zhao, B. Y. Jiang, Adaptive fault – tolerant control of heavy lift launch vehicle via differential algebraic observer, Journal of Central South University, 2013, 20, 8, 2142 – 2150

570. D. F. Liu, J. Y. Zhuang, C. J. Shuai, S. P. Peng, Mechanical properties' improvement of a tricalcium phosphate scaffold with poly – L – lactic acid in selective laser sintering, Biofabrication, 2013, 5, 2

571. J. Y. Tang, Z. H. Hu, L. J. Wu, S. Y. Chen, Effect of static transmission error on dynamic responses of spiral bevel gears, Journal of Central South University, 2013, 20, 3, 640 – 647.

572. J. Y. Tang, Y. P. Liu, Loaded multi – tooth contact analysis and calculation for contact stress of face – gear drive with spur involute pinion, Journal of Central South University, 2013, 20, 2, 354 – 362.

573. J. Y. Tang, F. Yin, X. M. Chen, The principle of profile modified face – gear grinding based on disk wheel, Mechanism and Machine Theory, 2013, 70, 1 – 15

574. Z. H. Hu, J. Y. Tang, S. Y. Chen, D. C. Lei, Effect of Mesh Stiffness on the Dynamic Response of Face Gear Transmission System, Journal of Mechanical Design, 2013, 135, 7

575. H. F. Chen, J. Y. Tang, W. Zhou, Modeling and predicting of surface roughness for generating grinding gear, Journal of Materials Processing Technology, 2013, 213, 5, 717 −721.

576. H. F. Chen, J. Y. Tang, W. Zhou, An experimental study of the effects of ultrasonic vibration on grinding surface roughness of C45 carbon steel, International Journal of Advanced Manufacturing Technology, 2013, 68, 9 −12, 2095 −2098.

第6章　著作目录

据不完全统计，本学科教师主编教材、专著、手册及教学参考书等 135 部，参编 25 部。

6.1　主编著作目录

表 6 - 1　主编著作情况汇总表

作(译)者	书名	编撰情况	出版单位	出版时间
黎佩琨	矿山运输	主编	中国工业出版社	1961
机制教研室	冶金矿山机械制造	主编	中南矿冶学院	1976
周恩浦	矿山机械：选矿机械部分	主编	冶金工业出版社	1979
李仪钰	矿山机械：提升运输机械部分	主编	冶金工业出版社	1980
齐任贤	液压传动和液力传动	主编	冶金工业出版社	1981
钱去泰	机械工程材料及热处理(机械设计制造类专业试用教材)	主编	中南矿冶学院	1982
姜文奇	形状和位置公差通俗讲话	编著	新时代出版社	1982
贺志平	仿射对应及其应用	主编	湖南省工程图学学会	1983
任正凡	计算机绘图及图形显示	编著	湖南科学技术出版社	1983
贺志平 任耀亭	画法几何及机械制图：非机械土建类专业用	主编	高等教育出版社	1983
贺志平 任耀亭	画法几何及机械制图习题集	主编	高等教育出版社	1983
张智铁	工程设计中的可靠性	编译	机械工业出版社	1984
黎佩琨	矿山运输及提升	主编	冶金工业出版社	1984
姜文奇	公差与配合通俗讲话	编著	新时代出版社	1985
卜英勇	地下矿山无轨开采及设备	主编	冶金工业出版社	1986
唐国民 程良能	机械零件课程设计：齿轮、蜗杆减速器设计	主编	湖南科学技术出版社	1986

续表 6 - 1

作(译)者	书名	编撰情况	出版单位	出版时间
古　可	论轧机驱动与节能	专著	中南工业大学出版社	1986
卜英勇	优化设计方法	主编	中南工业大学出版社	1986
陈泽南 张晓光	工程模拟实验	编译	中南工业大学出版社	1987
孙宝田 邝允河 钟世金	机械测试研究译文集	主编	中南工业大学出版社	1988
卜英勇	多伦多大学/世界著名学府	主编	湖南教育出版社	1989
齐任贤 刘世勋	液压振动设备动态理论和设计	主编	中南工业大学出版社	1989
李仪钰	矿山提升运输机械	主编	冶金工业出版社	1989
黄宪曾 陈学耀	液压系统污染控制	编译	中南工业大学出版社	1989
钟　掘 杨勇学	力学分析的高效计算法	专著	中南工业大学出版社	1989
古　可	现代设备管理(上册)	编著	机械工业出版社	1989
钟　掘	现代设备管理(下册)	编著	机械工业出版社	1989
唐国民 陈贻伍	机械零件设计原理	编译	中南工业大学出版社	1989
蔡崇勋	矿山压气设备使用维修	主审	机械工业出版社	1990
刘世勋 蔡崇勋	矿山通风设备使用维修	主审	机械工业出版社	1990
刘世勋	矿山排水设备使用维修	主审	机械工业出版社	1990
于鸿恕	工程制图习题集	主编	中南工业大学出版社	1990
张春元	工程制图	主编	中南工业大学出版社	1990
王庆祺	机械设计	主编	中南工业大学出版社	1990
夏纪顺 朱启超	矿山钻孔设备使用维修	主审	机械工业出版社	1990
吴继锐	矿井轨道运输设备使用维修手册	主审	机械工业出版社	1990
张智铁	矿井装载设备使用维修手册	主审	机械工业出版社	1990

续表 6 – 1

作(译)者	书名	编撰情况	出版单位	出版时间
李仪钰	矿山机电	主编	中国劳动出版社	1991
夏纪顺	采矿手册(第5卷)	主编	冶金工业出版社	1991
卜英勇	设备管理信息系统设计方法	主编	中南工业大学出版社	1991.
刘水华	互换性与技术测量基础	主编	中南工业大学出版社	1991
胡昭如	机械工程材料	主编	中南工业大学出版社	1991
贺志平	画法几何及机械制图	主编	高等教育出版社	1991
贺志平	画法几何及机械制图习题集	主编	高等教育出版社	1991
姜文奇 段佩玲	机械加工误差	编著	国防工业出版社	1991
刘水华	机械加工工艺基础	主编	中南工业大学出版社	1991
古 可	现代设备管理(上册)	编著	上海文艺出版社	1991
李仪钰	矿井提升设备使用维修手册	主审	机械工业出版社	1991
夏纪顺	露天潜孔设备使用维修手册	主审	机械工业出版社	1991
周恩浦	破碎粉磨机械使用维修手册	主审	机械工业出版社	1991
刘舜尧 任立军	机械工程基础金属学	编译	中南工业大学出版社	1992
夏纪顺	天井钻机使用维修手册	主审	机械工业出版社	1992
肖世刚	有色金属冶炼设备(第二卷)	主编	冶金工业出版社	1993
方 仪	计算机绘图	主编	东北大学出版社	1994
钟 掘	冶金机械数理基础与现代技术	专著	中南工业大学出版社	1995
何清华	液压冲击机构研究·设计	专著	中南工业大学出版社	1995
王庆祺	机械设计课程设计指南	主编	湖南科学技术出版社	1995
朱泗芳	画法几何及机械制图习题集	主编	湖南科学技术出版社	1995
朱泗芳	画法几何及机械制图	主编	湖南科学技术出版社	1995
张智铁	物料粉碎理论	专著	中南工业大学出版社	1995
蒋建纯 毛大恒	摩擦学及应用	专著	中南工业大学出版社	1995
刘舜尧 刘水华	机械制造基础与实践	主编	中南工业大学出版社	1996

续表 6-1

作(译)者	书名	编撰情况	出版单位	出版时间
张春元 朱泗芳	现代工程制图	主编	中南工业大学出版社	1997
徐绍军 杨放琼	现代工程制图习题集	主编	中南工业大学出版社	1997
欧阳立新	Auto CAD 工程绘图	主编	湖南科学技术出版社	1998
朱泗芳	工程制图习题集(非机械类各专业用)	主编	高等教育出版社	1999
朱泗芳	工程制图	主编	高等教育出版社	1999
李新和	机械设备维修工程学	主编	机械工业出版社	1999
张智铁	中国冶金百科全书(采矿卷)矿山运输	副主编	冶金工业出版社	1998
杨襄璧	中国冶金百科全书(采矿卷)采掘机械	副主编	冶金工业出版社	1998
李仪钰	中国冶金百科全书(采矿卷)矿山提升、排水、压气	副主编	冶金工业出版社	1998
杨襄璧	如何使用图形图像处理软件	主审	机械工业出版社	1999
杨襄璧	怎样使用计算机屏幕抓图软件	主审	电子工业出版社	1999
何将三	机械电子学	主编	国防科技大学出版社	1999
朱泗芳	现代工程制图	主编	湖南科学技术出版社	2000
朱泗芳	现代工程制图习题集	主编	湖南科学技术出版社	2000
王恒升	电工技术	副主编	机械工业出版社	2001
刘义伦	研究生教育论丛	主编	中南大学出版社	2002
刘舜尧	制造工程工艺基础	主编	中南大学出版社	2002
刘舜尧	制造工程实践教学指导书	主编	中南大学出版社	2002
刘义伦	改革与探索——中南大学研究生教育理论与实践	主编	中南大学出版社	2002
刘义伦	光荣与梦想——中南大学研究生风采录	主编	中南大学出版社	2002
刘义伦	研究生教育论坛(2001)	主编	中南大学出版社	2002
朱泗芳	机械电子英语阅读教程	主编	中南大学出版社	2002

续表 6-1

作(译)者	书名	编撰情况	出版单位	出版时间
刘义伦	研究生教育论坛（2002）	主编	中南大学出版社	2003
毛大恒	铝型材挤压模具 3D 设计 CAD/CAM 实用技术	编著	冶金工业出版社	2003
何少平	机械结构工艺性	主编	中南大学出版社	2003
徐绍军	工程制图	主编	中南大学出版社	2003
贺小涛	机械制造工程训练	主编	中南大学出版社	2003
刘少军	现代控制方法及计算机辅助设计	主编	中南大学出版社	2003
刘义伦	研究生教育论坛（2003）	主编	中南大学出版社	2004
母福生	机械工程材料基础	副主编	中南大学出版社	2004
周恩浦	粉碎机械的理论与应用	专著	中南大学出版社	2004
刘义伦	研究生教育论坛（2004）	主编	中南大学出版社	2005
刘义伦	回转窑健康维护理论与技术	编著	机械工业出版社	2005
喻 胜	创造学	编著	中南大学出版社	2005
朱泗芳 徐绍军	工程制图习题集	主编	高等教育出版社	2005
朱泗芳 徐绍军	工程制图：非机械类各专业用	主编	高等教育出版社	2005
何清华	隧道凿岩机器人	专著	中南大学出版社	2005
钟 掘	机械与制造科学——学科发展战略研究报告（2006—2010）	撰写组长	科学出版社	2006
唐进元	机械设计习题与解答	主编	电子工业出版社	2006
钟 掘	复杂机电系统耦合设计理论与方法	专著	机械工业出版社	2007
徐绍军 云 忠	工程制图	主编	中南大学出版社	2007
李新和	机械设备维修工程学（第二版）	主编	机械工业出版社	2007
朱泗芳	现代工程图学（第二版）（上、下册）	主编	湖南科学技术出版社	2008
朱泗芳	现代工程图学习题集	主编	湖南科学技术出版社	2008
申儒林	GMR 硬盘磁头多元复合表面的超精密抛光	专著	中南大学出版社	2009

续表 6 - 1

作(译)者	书名	编撰情况	出版单位	出版时间
唐进元	机械设计基础(第二版)	主审	湖南大学出版社	2009
何清华	液压冲击机构研究·设计	专著	中南大学出版社	2009
云　忠 杨放琼	简明机械手册(译)	主译	湖南科学技术出版社	2010
刘舜尧	制造工程工艺基础	主编	中南大学出版社	2010
何竞飞 郑志莲	机械设计基础	主编	科学出版社	2010
刘少军	液压与气压传动(第二版)	主审	化学工业出版社	2011
徐绍军 云　忠	工程制图(第二版)	主编	中南大学出版社	2011
刘舜尧	制造工程实践教学指导书(第二版)	主编	中南大学出版社	2011
蔡小华 刘舜尧	钳工快速入门	主编	中南大学出版社	2011
舒金波	铸造工锻造工快速入门	主编	中南大学出版社	2011
李　燕 刘舜尧	磨工快速入门	主编	中南大学出版社	2011
何玉辉	车工快速入门	主编	中南大学出版社	2011
钟世金	焊工快速入门	主编	中南大学出版社	2011
云　忠 陈　斌	工程制图习题集(第二版)	主编	中南大学出版社	2011
黄明辉	先进制造技术(第三版)	主审	国防工业出版社	2011
夏建芳	有限元法原理与 ANSYS 应用	主编	国防工业出版社	2011
刘少军	研究生教育论坛	主编	中南大学出版社	2011
唐进元	机械原理	主编	中南大学出版社	2011
廖　平	基于遗传算法的机械零件形位误差评定	专著	化学工业出版社	2012
何清华	旋挖钻机研究与设计	专著	中南大学出版社	2012
何清华 朱建新	旋挖钻机设备、施工与管理	专著	中南大学出版社	2012

续表 6-1

作(译)者	书名	编撰情况	出版单位	出版时间
欧阳立新 徐绍军	工程制图习题集(第五版)	主编	高等教育出版社	2012
徐绍军 赵先琼	工程制图(第五版)	主编	高等教育出版社	2012
杨放琼 云 忠	工程制图	主编	中南大学出版社	2012
杨放琼 赵先琼	工程制图习题集	主编	中南大学出版社	2012
韩 雷 李军辉 王福亮	微电子制造先进封装进展	专著	中南大学出版社	2012
杨襄璧	液压破碎锤:设计理论、计算方法与应用	专著	合肥工业大学出版社	2012
蔺永诚 陈明松	高性能大锻件控形控性理论及应用	专著	科学出版社	2013

6.2 参编著作目录

表 6-2 参编著作情况汇总表

作(译)者	书名	参编内容	出版单位	出版时间
王庆祺等	机械设计手册(中)	参编	化学工业出版社	1978
吴建南	矿山机械:装载机械部分	第1、2、5章	冶金工业出版社	1981
张智铁 周恩浦	机械工程手册(第11卷)	机械产品(一)	机械工业出版社	1982
高云章	机械优化设计方法	第1、2、4章	冶金工业出版社	1985
胡昭如	金属材料及金属零件加工	参编	武汉地质学院出版社	1986
陈泽南	钻孔机械设计	第4章	机械工业出版社	1987
吴建南	矿山装载机械设计	第7章	机械工业出版社	1989
吴继锐	矿山运输机械设计	第3章	机械工业出版社	1990

续表 6 - 2

作(译)者	书名	参编内容	出版单位	出版时间
吴继锐 宋在仁 吴建南 张智铁 李仪钰 张晓光 刘世勋	采矿手册(第 5 卷)	参编	冶金工业出版社	1991
程良能	有色金属冶炼设备(第一卷)	副主委	冶金工业出版社	1994
陈贻伍	有色金属冶炼设备(第三卷)	编委	冶金工业出版社	1994
蒋炳炎	机械制造与自动化英语	第 5 章	湖南科学技术出版社	1996
陈贻伍	机械设计图册(上、下册)	参编	化学工业出版社	1997
黄晓林 胡均平 李仲阳	大学专业英语(机电类)	第 10 ~ 15 单元	湖南科学技术出版社	1997
刘世勋	中国冶金百科全书(采矿卷)矿山运输	参编	冶金工业出版社	1998
邓圭玲	互换性与测量技术基础	第 4 章	湖南大学出版社	1999
胡　宁	机械制图	第 6、10 章	机械工业出版社	1999
胡　宁	机械制图习题集	第 6、10 章	机械工业出版社	1999
何将三	HUTTE 工程技术基础手册	译 H、J 篇,校 D 篇	机械工业出版社	1996
曾　韬	齿轮手册(上、下册)	编委	机械工业出版社	2001
刘德福 李　蔚	CAD/CAM 原理与实践	第 4、5、7、8 章	中国铁道出版社	2002
刘少军	矿产资源科学与工程——学科发展战略研究报告(2006—2010)	撰写组成员	科学出版社	2006
刘少军	2007 高技术发展报告(中国科学院)	第 4 章 4.3 节	科学出版社	2007
唐进元	机械创新设计(第二版)	第 2、3 章	高等教育出版社	2010
郭　勇 龚艳玲	液压挖掘机(原理、结构、设计、计算)上、下册	第 9 章	华中科技大学出版社	2011

第7章 学科荣誉

7.1 国家级科技成果奖(11 项)

（详见第 5 章 科学研究）

7.2 省部级科技成果奖(119 项)

（详见第 5 章 科学研究）

7.3 省部级及以上教学成果奖(31 项)

（详见第 5 章 科学研究）

7.4 部分其他奖项及荣誉

表 7 - 1 本学科获其他奖项及荣誉汇总表

序号	奖项	获得者(年份)
1	湖南省科学大会表彰先进集体	中南矿冶学院全液压机械化作业线设计研究组(1978)
2	全国高校实验室系统先进集体	机械原理零件实验室(1986)
3	国家级有突出贡献的中青专家	古可(1984) 钟掘(1988)
4	中国有色金属工业总公司先进工作者	钟掘(1985)
5	全国先进教育工作者	古可(1987)
6	湖南省优秀科技工作者	钟掘(1987) 杨襄璧(1989)
7	湖南省优秀教师	李仪钰(1988)
8	全国高校先进科技工作者	古可(1990)
9	湖南省有突出贡献的专利发明家	张智铁(1992)

续表 7 - 1

序号	奖项	获得者(年份)
10	全国有色系统高校实验室工作先进个人	沈玲隶(1992)
11	湖南省高校实验室工作先进个人	杨务滋(1992)
12	湖南省"三八红旗手""巾帼十杰"	钟掘(1996)
13	973 项目首席科学家	钟掘(1999)　李晓谦(2009)
14	湖南省普通高等学校科技工作先进集体	冶金机械研究所(1999)
15	湖南省普通高等学校科技工作先进工作者	何清华(1999)
16	湖南省青科技奖	黄明辉(1999)　郭勇(2005)
17	全国先进工作者	钟掘(2000)
18	湖南省劳动模范	钟掘(2000)　何清华(2004)
19	全国"十佳女职工"	钟掘(2001)
20	中国大洋"十五"深海技术发展项目首席科学家	刘少军(2001)
21	湖南省光召科技奖	钟掘(2002)　何清华(2004)
22	全国首届"新世纪巾帼发明家"	钟掘(2002)
23	何梁何利基金"科学与技术进步奖"	钟掘(2003)
24	湖南省第三届青科技创新杰出奖	朱建新(2004)
25	湖南省优秀专利发明人	何清华(2005)
26	湖南省优秀专家	何清华(2006)
27	湖南省技术创新先进个人	朱建新(2006)　贺继林(2006)
28	湖南省科学技术杰出贡献奖	何清华(2007)
29	湖南省科技领军人才	何清华(2007)　黄明辉(2011)
30	湖南省普通高校青教师教学能手	颜海燕(2010)
31	"十一五"国家科技计划执行突出贡献奖	钟掘(2011)　何清华(2011)
32	中国大洋协会成立二十周突出贡献奖	刘少军(2011)
33	湖南省"十一五"优秀研究生指导教师	钟掘(2011)
34	"十二五"863 计划先进制造技术领域主题专家	黄明辉(2012)

第8章 岁月回顾

8.1 机电学院深藏在我的记忆中

（一）

已经退休十余年了，很多往事仍留在我的记忆中。从学习工作到退休及其随后的几十年里，除了出国进修一年半载之外，其余的全部时间都围着机电运转。笔者曾全面主持矿山机电教研室的工作，曾代表教研室申述、申请，并多次参加当时学校组建机械系的讨论，曾是系领导班子成员并连续 12 年担任机械系党总支书记，曾为机电工程学院的建设和发展效力……我的成长与机电学院的发展密切相关，我对机电学院怀有深厚情感，机电学院取得的每一项成就都会使我深受鼓舞并感到由衷的高兴。

常常在回忆中情不自禁地感谢我的老师、同学、同事和朋友，在以往长期的学习和工作中，我们携手前行，共同分享着那份辛苦、快乐和幸福。

（二）

1958 年，我高中毕业参加全国统考，被当时的中南矿冶学院录取到冶金系的有色冶金专业。然而，按时到学院报到后，我们已被转到矿冶机电系的冶金机械设备专业，我们班简称冶机 631 班，同样转换的还有冶机 632 班，同时进校的还有矿山机电设备(矿机)631、632 班；工业企业自动化 631、632 班等。

那是一个特殊的年代，"大跃进"的浪潮席卷各行各业，矿冶机电系就是在这种浪潮下催生的，而又被这种浪潮推着向前狂奔。

矿冶机电系由机械原理及零件(含热工)、机械制图、金属工艺、电类基础课组和矿山机电专业教研室及 1955、1956、1957 年连续三年招收的 6 个班的学生组成。1958 年又招收了前面所述的 6 个班学生，1959 年，又增设了工业电子学，高温高真空，超常量测量，自动远动等多个新专业，并在 1960 年招生，如此大步招生既在客观上反映了国家对相关技术人才的迫切需要，也显现了领导的雄心壮志，然而，这种大踏步发展并没有良好的基础。财政困难，专业师资的极度短缺，新专业的实验条件基本处于零状态，特别又处在十分严重的自然灾害时期，致使教学建设上的任何措施都举步艰难。

1961 年，学院贯彻中央"调整、巩固、充实、提高"的八字方针，那些新专业如同昙花一现纷纷下马。冶金机械教研室解散，矿山机电教研室返回到采矿系，已进校的新专业学生作专业调整，几乎 100% 转到矿山机电专业。于是我们冶机 631、632 班变为矿机 633、634 班，冶机 641、642 班变为矿机 643、644 班，同样，矿机 65 级由 2 个班变成了 6 个班，还有后续正常招生的 66 级、67 级各 2 个班的学生。随同矿山机电教研室回归采矿系领导。至此矿冶机电系送走 60 级、61 级、62 级，共 6 个班的学生后，就再没有机类专业的学生了，很自然矿冶机电系在 1963 年后逐步就为工业自动化系所取代。

（三）

1963 年，我大学毕业被留校任教，成为矿山机电专业的一名新教师。

与现在不同，新教师第一年的任务是给主讲教师助课，负责对学生的课后辅导和答疑，上实验课和批改作业，指导学生到厂矿的认识实习和生产实习；第二年或许有指导学生做专业课程设计的任务及指导学生的毕业实习和毕业设计。在上述各教学环节经历一个轮回后，才开始承担专业课程的授课任务（含专业外语）。

我亲临目睹，矿山机电教研室在教学建设和专业建设上还是卓有成效的，这也是后来机械系重新组建的重要的专业基础。

矿山机电专业始于 1955 年，其奠基人之一是留学日本的白玉衡教授、朱承宗等一大批老教师在专业建设上不遗余力地倾注心血，组建了一个完整的矿山机电设备门类齐全的教学体系。早在 20 世纪 50 年代末至 60 年代初，矿山机电教研室组织老师翻译俄文教材、编写讲义，先后编写有《采掘机械》《凿岩机械》《矿通风排水设备》《矿山运输》《矿山机械制造工艺学》《矿山机械设备修理与安装》等教材或讲义，供学生学习，其中《凿岩机械》《矿山运输》《矿山机械设备修理与安装》教材也供外校使用。

为解决教学实验急需，教研室组织教师和实验人员，绘制矿山设备的结构图纸，主管实验室的夏纪顺老师组织木工制作木质矿山设备及其零部件，如刮板运输机、扒斗式装岩斗、电铲、电动装岩机、提升井架、箕斗、索道架等非常直观的实物模型近百种，对专业课教学提供了极大的帮助。由于专业的发展，至 1965 年矿山机电专业已建成了凿岩机械、提升运输、通风机排水压气、矿山电工等多个实验室，以采掘机械为主的木制设备也逐步退出，但至今仍有极少台件保留在中南矿冶学院的校史馆中。

1965 年，因为教学改革，老师带领 65 级 6 个班的学生分别到多个矿山，结合当年正在展开的"矿山机械化"课题进行真刀真枪的毕业设计。从 3 月到 7 月一直在矿山完成调研设计，并参与加工、试验的全过程，最后在矿山进行毕业答辩。同学们收获很大，也为矿山生产做了实实在在的贡献。

1966 年只有 2 个班的毕业生，根据上一年的经验，两个班一起到山西中条山胡家裕铜矿结合矿山机械化课题做毕业设计，各项工作正进行到高潮时，学校通知返校——"文化大革命"开始了，这两个班的毕业设计就此停止，但 67 ~ 70 级各年级的学生也都按时依次毕业了。

1970 年，重新组建机械系又提了出来，自动化系非常支持，采矿系有不同意见，校革委主任、军代表王志遥亲自听取意见并多次主持召开了相关人员代表的讨论会，终于达成一致意见，毕竟组建机械系已成为学校发展中的大事。

（四）

1970 年，由隶属自动化系的机械原理及零件(包括热工组)、机械制图、金属工艺等基础课组和隶属采矿系的矿山机电专业教研室，以及校机械厂聚集到一起，组建成机械系，首任系主任是石来马。

机械系组建后首先恢复了冶金机械专业及其教研室，从而机械系承担了矿山机械和冶金机械两个专业及全校机械公共基础课的教学。全系教职工以连队的形式参加集体活动，这是当时的"风气"，不太长的时间后就恢复到原来的教研室体系。根据当时的情况，械械系首先抓了教学计划的制订和基础课教材的编写，为招收工农兵大学生做好准备，与此同时还连续举办了一些短期培训班以适应社会的需求。1972 年起连续五年招收了冶机、矿机两专业三年制工农兵学生，每年 3 个班，首届工农兵学生于 1975 年毕业，称 75 级，最后一届工农兵学生于 1976 年进校，1979 年毕业，称为 79 级，共计培养工农兵学生 500 余人。1977 年国家恢复高考，从此矿机、冶机两专业开始招收四年制本科大学生，其后，专业名称有几次调整，但招生延续不断。

"文化大革命"后的机械系，与以往最大的不同是逐步解除了思想禁锢，不仅重视教学工作，而且开始重视结合生产的科学研究。最先开始的是矿机教研室的"激光破碎岩石"项目，从无到有，从不知到少知做了一段探索。由于破碎岩石的高能激光器需要大量的经费支撑，学校科研处不予支持建议转向，因而不得不停止激光器的研究而转为"矿山平卷掘进机械化"研究，其经费支持来自湖南省冶金局科技处。以矿机杨襄壁老师等 4 人为主，从始到终坚守在湘东钨矿，曾参与此项工作的还有 6 人。经过几年的拼搏终于完成了全国第一台三机全液压凿岩台车的设计研究制造和试验，并通过了省部级技术鉴定，获得部级科技进步三等奖。而以中南矿冶学院湘东科研组和湘东钨矿机械化办公室联名发表的《液压台车支臂自动平行机理的研究》一文得到同行的高度认同并被引用。

与此同时，冶机教研室古可、钟掘科研组在科研中深入进行了轧机驱动理论与实践研究，提出了变相单辊驱动理论，指导轧机正常运行操作，并分析论证了高速轧机中存在机电耦合振动和产品质量问题，解决了武钢 1700 薄板轧机弧齿部件易损，导致设备不能连续工作的难题，创造了上亿元的经济效益，于 1985 年荣获国家首次颁发的科技进步一等奖。

在其他科研课题上，如小马力低污染内燃机实验研究、辉光离子氮化炉的理论与应用、破磨设备、耐磨材料等也都取得了成效。教学方面，突出抓了几门基础技术课的改革和实验室建设，取得了一批教学成果，其中梁镇淞老师等几位承担的"机械原理及机械零件教学内容、方法改革的探索与实践"做了大量工作，实践效果明显。"机械原理零件实物教材及实物实验室建设"于 1985 年获得中国有色金属工业总公司教改成果特等奖，该课程组于 1986 年被国家教委及全国总工会授予全国教育系统"先进集体"称号。1989 年该项目又获国家级优秀教学成果奖。"金工课程的建设与改革"也获湖南省教学成果二等奖。教材方面，1970 年至 1981 年间受冶金部教材工作会议的委托，编写并公开出版的教材有《选矿机械》（周恩浦主编）、《提升机械》（李仪钰主编）、《液压传动与液力传动》（齐任贤主编）、《装载机械》（吴建南参编），除此之外，还有十多名老师，参加了多种手册、矿山机械使用与维修丛书的编审……这些工作有力地支撑了机械学科的建设和发展，扩大了本学科的知名度。

（五）

1984 年，机械系党总支换届选举中出现了意外，一位主要负责人落选了。约三天后学校两位领导找我谈话，说是听取意见。当第二次找我谈话时，明确要我负责党总支的工作，说"你是大家都能接受的人选"，几经推脱无效后就接受了。回忆领导意见，第一要搞好团结，维护教师队伍的稳定；第二要破除论资排辈的观念，支持有创新能力的中青年教师脱颖而出；第三，你要做点牺牲，在当前把主要精力放在党总支和全系的工作上；第四，多听取老师们的意见……

我有点诚惶诚恐。带着问题拜访多位老师，老师们提示：一、过去的事已经过去，不再论其是非；二、以民主促和谐，用实际工作促进队伍的团结；三、改变机械系面貌大家都有责任。老师们的意见十分中肯，使我感到温暖，我突然觉得机械系的老师有几派的说法是错误的。很多老师从不计较，默默奉献，都在为改变机械系的面貌而尽心尽力。

随着时间的推移，全系老师致力于教学科研，教学秩序稳定，科学研究取得多项成果。1982 年后，两专业的研究生数量逐年增加。1984 年冶机专业已招有博士生，并着手开始准备申报博士学位授予权的工作。经过大家的共同努力，1986 年冶金机械专业获得了博士学位授予权。

全系的研究生导师在研究生培养质量方面做了大量卓有成效的积极研究和探

索，通过对研究生培养模式的积极改革、大胆创新，拓宽研究生的理论基础结构，深入实际结合课题加强智能培养，研究生的学位论文质量逐年有了明显提高。如古可、钟掘教授带领研究生在西南铝加工厂解决了多项重大课题，为国家节省了高额外汇，其教学改革成果于1987年获中国有色金属高等教育教改成果一等奖。

与此同时数部学术专著、译著相继公开出版；多位教授在省部级学术团体（学会）中有社会兼职，也扩展了机械系在社会上影响。1984—1995年间机械系在分期分批解决教职工的技术职称问题方面做了大量工作，促进了教师队伍的稳定，成效明显。1995年机械系为了学科的建设和发展，向学校书面申请更名为机电工程学院，并于当年获得学校批准，这对于机械系的全面建设而言，可以说是机械系的一项集体的标志性成果，为机电工程学院学科建设和发展搭建了一个新平台。

钟掘教授是机电工程学院的第一任院长。

1995年，钟掘教授当选为中国工程院院士，这大大地提升了机电工程学院在全校乃至全国同类学科中的地位和影响力，对机电工程学院的全面建设具有里程碑的意义。

（六）

1996年，机电学院党总支换届，我从党总支工作中退下来。

1998年，我因到退休年龄办了退休。又于2001年受聘于学校本科教学督导专家组和机电院本科教学督导组，由于多年的课堂听课，对机电学院的教学状态和教学情况有所了解，而且参加了历次对二级学院的教学评估、阅读资料，对学院的建设和发展及工作成就也有较多印象。

我还是学校关工委的成员，担任着机电院关工委副主任的职务。并且，从2006起被机电院党委聘为党建组织员，于2012年，又被校组织部和机电学院党委联合聘为党建组织成员。

几十年来我学习、工作在机电，退休后仍在为机电学院发挥所剩不多的余热。从1970年算起，机电学院走过了43年，我亲身见证了机电学院的成长和发展变化。

1995年至今的近20年是机电院发展最快的时期，而最后的15年是机电院发展最好的时期，在这时期，机电院的谋略、规划、发展，都是在钟掘教授的强有力的组织与领导下完成的，或者说机电院今天的成就是在钟掘教授为领头人的一批中青年科技骨干的奋力拼搏中实现的。我不知道太多的细节，但可借助对二级学院教学评估中的某些状态数据和文本资料来反映机电工程学院的发展变化，综合以下三点：

1. 师资队伍结构的明显优化，教师教学水平不断提升，学生培养质量逐年提高。

1) 2011—2012 年教师队伍结构。

结构 人数及比例	职称结构				学历结构		
	高 级		中级	初级	博士	硕士	本科
	正	副					
126	39	49	38	0	66	49	11
%	69.8	30.2	0	52.4	38.9	8.7	

结构 人数比例	年龄结构			学缘结构	
	<35	36 - 50	>51	本校毕业	外校毕业
126	27	87	12	69	57
%	21.4	69.1	9.5	54.8	45.2

2) 2012 年教师教学工作状态。

课堂教学优良	96.8%
获各类教学奖	29 人（占 23.01%）
获教学优秀奖	11 人（占 8.7%）
发表教学论文	20 篇（人均 0.15 篇）
获国家省、校级教改立项	9 项
获校级教改成果奖	1 等奖 2 项、2 等奖 3 项
获省高校课堂教学竞赛一等奖	2 名
获校精品视频公开课	1 门
目前有国家精品课	2 门
省精品课	3 门
省优秀实习基地	3 个

3）2012 年大学生学业情况与获奖。

毕业生合格率	95.03%
学位证获取率	94.46%
2008 级英语四级通过率（累计）	98.85%
毕业生就业率	98.12%
学生获专利项	1 项
学生公开发表论文数	13 人 9 篇，其中 1 篇被 E1 收录
学生在科技竞赛中获奖	获国家级奖 14 项、获省级奖 31 项
校级优秀毕业论文奖	其中 3 个一等奖，4 个二等奖，3 个优秀奖
湖南省机械创新设计制造大赛中	获一等奖 7 项、二等奖 2 项、三等奖 3 项
全国大学生机械创新设计大赛中	获国家一等奖 3 项、二等奖 2 项

2. 我国机械工程领域的重要力量。

以学科建设为基础，以人才培养为核心，以科学研究为支撑，带动了机械学科的建设和发展，成就了一批中青年人才。2012 年全国第三轮一级学科评估中，本学科点进入全国排名前 10 的行列，在国内具有重要影响，已具备向一流学科冲刺的基础和实力。近年来，本学科应邀参与承担了国家部委相关机械装备设计与制造一系列科技规划的制定，是该领域国家计划制定的核心单位之一，服务于国家战略已是本学科的自觉追求和重要职责。

3. 学术成果丰厚，其影响力正在快速提高。

本学科点的建设和科研成果，为国家地区经济建设和社会发展作出了重要贡献。

（1）具有国际领先水平的快凝铸轧技术、电磁铸轧技术与装备、高强厚板超声搅拌焊接装备的应用支撑了产业发展与技术升级。

（2）用现代技术研制了我国最宽厚板热连轧机组，世界最大的 8 万吨重大基础制造设备与技术，极大地提高了国家重大战略基础装备的工作能力和工作精度，引领我国高性能材料与大构件走向现代化，形成了多项有自主产权的核心技术，成果在国际学术界产生重要影响，本学科点在相关研究领域成为国家重要研究的创新基地。

（3）数控大型螺旋锥齿轮铣齿机和数控磨齿机实现产业化，打破了国外垄断，填补了国内空白。成为我国螺旋锥齿轮数控装备的主要技术的创新基地。

（4）全液压驱动凿岩设备，矿山大型自动装卸装备，大型旋挖钻机与潜孔钻机，大型静力压桩机等的集成设计与制造形成了新世纪主流的先导技术与成套装备，已获多项标志性成果，深海资源勘查装备研制与开发，在国际深海矿产资源开发技术及装备领域有重要地位。

（5）从 1995 年科研进校经费不足 500 万元，到 2001 年突破 1000 万元，到 2011 年科研进校经费是 3900 万元。充分说明机电学院不仅是承担全校机类基础课和机类专业课的教学大院，也是承担国家、省部级重要课题的科研大院，其科研和学术成果的影响力正在快速提升。

（七）

展望未来，任重道远。

虽然科学建设、科学研究、人才培养与基地建设等各方面成绩显著，但与真正的全国一流、世界一流学科相比差距依然明显。建成高水平学院，还有很长的路要走。祝愿机电学院在漫长的冲刺一流的道路上走得更稳、更好，创造新的辉煌。

（刘世勋）

8.2　机械原理及机械零件课程实物教材建设的回顾

1981 年全国机械原理、机械零件教学经验交流会以后，梁镇淞同志从本课程的具体特点和本校的实际情况出发，提出了改革"机械原理"和"机械零件"课程教学方法和教学内容的设想，并在教研室同志们的积极参与和支持下，成功地完成了教改方案的实施工作。现在回头来看，当年我们进行的教学改革方向是正确的，取得的成果符合教学规律和现代教育思想要求，在全国许多高等学校得到了支持和推广应用，促进了教学改革的发展。得到了上级部门和兄弟院校的充分肯定，并获得了国家级教学成果优秀奖。

在改革"机械原理"和"机械零件"课程教学方法和教学内容的实施过程中，我们做了如下一些工作。

一、改革的基本思路

第一阶段：筹建实物教学室，建设实物教材和电教教材，加强直观教学，提高学生工艺结构设计能力。充分运用现代化教学手段，如幻灯、电视录像等，开阔学生视野，开发学生智力，提高教学效果，减轻学生学习负担。

第二阶段：充实及健全实验教学，加强学生"实验能力"的培养，同时在教学环节中引入电算，加强解析法，进行教学内容的更新和调整。

第三阶段：编写与实物教材、电教教材紧密配合的文字教材，形成《机械原理》及《机械零件》课程的新型教学体系和方法。

二、实物教室的建立

1982 年 10 月开始，以梁镇淞、唐国民、周明 3 位同志为主，组织教研室部分教师和实验人员参加,在总结和吸取校内外教学经验的基础上,进行改革设想的第一阶段的工作,编辑实物教材。

我们按照教学大纲、教材体系,将收集到的或制作的典型实物(机构及零件)编辑成一套实物教学柜,它已不再是单纯的模型陈列柜,而是一套配有简要文字说明、必要的图表和曲线、思考题,以及有"声、光、动"相结合的程序控制录音讲解的实物教学柜,全面系统地把这两门课程中适合于用实物表达的部分组成一套体系完整、形象生动的实物教材,实物教材由"机械原理""机械零件""机械零件课程设计"等3个实物教学室构成。其中包括"机械原理"教学柜13个、"机械零件"教学柜39个、"课程设计"教学柜6个,图文解说镜框85块。

在完成以上各项工作的基础上,1985年5月成立了机械原理零件教学方法和内容改革小组(成员:梁镇淞、周明、吕志雄、饶自勉、王庆祺、李小阳、贺金友、高爱华、段佩玲、吴波、唐城堤),分别在"机械原理""机械零件"及"机械设计基础"等课程中继续深入教学改革的探索与实践。

三、教学改革及特点

(一)"机械原理"课程改革情况

我们采用"课堂演习—讨论—重点讲授"的方式,对传统课堂教学方法进行变革,将课堂讲授同实物教学、电教教学、课堂演习、课堂讨论、实验教学以及自学指导等各种教学形式有机地结合起来。进行课堂演习是结合机械原理课程特点,体现发现式教学思想的一种新尝试,它把实物教材的运用推向一个新阶段,提高到新的水平。

方法的改革,提高了教学效率,赢得了学时,为教学内容调整更新创造了条件。在此基础上,我们在贯彻国家教委机械原理课程指导小组关于机械原理课程教学基本要求的基础上,从两个方面对教学内容的调整更新进行了探索与实践。

一方面,对原有教材某些章节的基本教学内容,在内容处理、扩展、深化和教法上进行研究和改革。例如,澄清了关于机构公共约束的含混概念,提出改善机械自由度计算的新方法;提出杆机构位置综合的运动平面摄像原理;用控制论方法分析混合轮系;在运动分析以及凸轮分析等各部分引进了新的研究成果。另一方面,进行教学内容的调整与更新。如采用解析法与图解法并重,加强综合及加强机构结构构思和运动方案选择等。

(二)"机械零件"课程改革情况

我们除充分利用实物设计,进行形象思维训练,加强结构工艺能力培养外,还从以下4个方面采取了改革措施:

1. 增设大型设计作业,增补设计作业模型作为第一次设计实践,以强化学生工艺设计能力的训练。

2.强化课堂讨论,促进学生思维能力及智力的发展。

3.进行教学内容更新,着眼于加强基础理论和结构设计的内容。在教学中及时注入国内外新信息,对参考价值大的内容都发原文资料或选编原文教材,以扩展学生视野,激发其学习主动性。

4.编写与实物教材相结合的机械零件补充教材,并系统编写与我校改革相适应的新教材。

四、初步取得的教学效果

采用"演习—讨论—重点讲授"方法,进行课堂教学,大大地改变了学生在教学过程中的被动状态,较好地调动了他们的学习主动性和热情。课堂上师生感情交融;学生思维活跃,为发展学生思维能力创造了良好气氛和条件。几年来机械原理课的学生到课率很高,未发现学生有无故缺课的现象。学生普遍反映:"由衷地欢迎这种教学形式。"

实物教学室建立以后,我们先后在本校冶金 81 级,机械 82 级,矿机 83 级进行了试点教学。学生反映开阔了视野,打开了思路,图、文、实物相结合才弄清了是怎么回事。与课堂教学结合起来,印象比以前深多了。冶金 81 级同学说:"以前不少零件光看书本总想象不出是个啥样子,一看教学柜,对基本的类型、结构、外貌、装配等都有较深的印象。"期末考试有的教师有意识地将陈列的结构设计内容作为考题,部分同学也比较完整地写出了答案,这些都说明以实物教学柜形成的教学在提高学生"能力"上是行之有效的。

由于每个柜子的录音讲解词都控制在 10 分钟左右,如果教学过程组织得好,根据我们试点教学的粗略估计,实物教学室的教学将为《机械原理》及《机械零件》课程中适合实物表达的那部分教学内容减少1/3~1/2 的课内授课时间。当然这并不等于说,这 10 分钟学生就把实物教学柜中所有的问题都掌握了,但是柜中的资料、图表、设计指导、思考题等已经提供了引导学生彻底掌握教学内容的思路和方法,无形中帮助学生培养了自学能力。我们的实物教学柜建成以后,整天向学生开放,并派了专人值班兼作答疑老师。自向学生开放以来,就给同学们提供了另一个新型的学习天地,各个班级都有三五成群的学生来实物教室观看,学习和讨论,这种学习热情对他们自学能力的提高所起的作用是无法以具体比例数字来估量的。

附:主要奖励

1.1983 年 10 月学校授予"机械原理机械零件实物教学室改革优秀奖"。

2.1989 年学校授予教研室"优秀教学成果奖"。

3.1985 年 12 月中国有色金属工业总公司授予教研室教学改革成果特等奖。

4.1990 年 2 月湖南省教委授予梁镇淞、周明、吕志雄等完成的"机械原理及机械零件课程教学内容,方法改革的探索与实践"项目省级教学成果特等奖。

5. 1989 年 11 月国家教委授予梁镇淞、周明、吕志雄等完成的"机械原理及机械零件课程教学内容,方法改革的探索与实践"项目国家级优秀教学成果奖。

6. 1992 年 10 月实物教材主编梁镇淞教授被批准享受国务院政府特殊津贴。

7. 1986 年"机械原理零件教学改革组"被国家教委及全国总工会授予教育系统"先进集体"称号。

(梁镇淞　周明　王艾伦)

8.3　机制教研室建设初期的科研活动纪实

1970 年中南矿冶学院机械系(机电工程学院前身)成立时,正值"文化大革命"斗、批、改之中,机械制造教研室(简称机制室)是以原机电系金工教研室为基础组建而成的,共有教职工 20 多人。在当时,除了参加"文化大革命"活动外,全系上下均忙着恢复机械方面的专业建设工作。机制室不是专业教研室,承担的任务是机械制造加工方面的课程建设,如制定教学大纲、编写教材、筹建实验室等。为编写出切合实际的教材,机制室经常组织广大教师下厂矿,边劳动、边调研,从中也了解到生产上存在的一些问题。

为了锻炼教师的科研能力,教研室选择了精密偶件在进行盐浴热处理之后、偶件细孔中熔盐清洗不净,造成腐蚀严重、影响使用这一课题开展科学研究工作。精密偶件是湖南机械行业要提高使用寿命的三大基础件之一,为解决偶件细孔中的腐蚀问题,于 1973 年 11 月与长沙拖拉机配件厂签订了科研合同。

当时对机制室而言,是第一次正式通过签订合同进行科研。教研室的老师,除个别者外,绝大多数是新中国成立后培养出来的大学生,出来工作后就遇上国家经济困难,后来又是"文化大革命",搞科研可谓是从头起步。但是在老师们与厂里的工程技术人员和工人的共同努力下,只用了一年多的时间,就研制出了一套自动式保护气氛热处理设备。经生产实践证明,不仅解决了偶件细孔的残盐腐蚀问题,还提高了产品质量,简化了热处理工艺流程,省工省时,获得了好的经济效益。

1975 年 5 月机制室又与长沙有色金属加工厂签订辉光离子氮化热处理拉、挤模具的科研合同。依据热处理工件的特点,设计并制造了两台套当时国内最大功率辉光离子氮化炉。一套用于工厂生产,另一套放在学校实验室开展教学科研实验。因项目科技含量高,工作量大,机制室全体员工克服困难、紧密配合,在厂方的协作下,终于按期把设备制造出来。该项科研不仅提高了工厂里的拉、挤模具寿命。同时还对热锻模、机车零件、柴油机缸套、各种齿轮等机械零件进行了离子氮化热处理的处理实验研究,这些在生产实践中均收到好的效果。

精密偶件保护气氛热处理与辉光离子氮化热处理拉、挤模具两个项目，因受当时环境的限制，虽未鉴定报奖，但均列为 1977 年全国热处理成果 100 例，1978 年又同列入长沙市科学技术大会"科技成果汇选"册中。

改革开放后，更加激发了全室员工向科学技术进军的热情。在搞好教学的前提下，签订的科技合同一个接一个，参加科研的人员涉及全教研室的每个员工。获得过省部级科技成果奖励的项目有"提高油隔离活塞泵进出口阀座寿命""硬质合金不重磨刀片周边磨床""2MMB7125 精密半自动周边磨床""φ1500 mm 龙门锯床的改造""耐磨新材料 MTCr15MnW 铸铁的研制""高铬铸铁热处理新工艺研究""MTCr15Mn2W 高铬铸铁砂泵耐磨件的研制"等。其他用于生产，未申报奖励的成果有："大型导管半自动数控立式车床""汽车后视镜磨削数控机床一套（包括平面、周边、抛光）共四台""柱齿硬质合金热嵌钎头"等等。还有一些研究项目，因不是以机制室为主，故未纳入在内。

上未提及但又特别值得提出来的项目，是"新型抗磨材料的研究开发与推广应用"。该项目从 1979 年起步，至今已有 30 多年的经历，研究出的新型抗磨材料，以"KmTBCr18Mn2W"系列为代表，已有几个牌号的新型抗磨材料。推广应用的企业涉及冶金、矿山、电力、建材等行业，使用过的易磨损零件已有数十种之多。一个新的抗磨材料的研究诞生，从成分的设计；熔炼的工艺技术；材料的力学性能、金相组织、成分分析的测定；直到应用产品的铸造、热处理、机械加工工艺的制定及所用设备的确定，需进行一系列的大量工作。而研究成的新型抗磨材料，多为白口铸铁，硬度都在 HRC50 以上，进行机械切削加工是非常困难的。任立军老师研究出来的独特退火技术，使白口铸铁转变成易于机械切削加工的金相组织，为扩大新材料的使用范围创造了条件。这项退火技术曾被西安交大的高铬白口铸铁专著所引用。

"新型抗磨材料的研究开发与推广应用"项目从为企业开发新材料、新产品而发展壮大，以本项目技术为支撑发展起来的湖南红宇耐磨新材料公司，已于 2012 年在创业板上市。它所取得的发明专利已有 5 项，曾获得湖南省科技进步三等奖 1 项，中国有色金属工业总公司科技进步二、三等奖各 1 项。

机制室成立之初，室领导卢达志、钱去泰两位老师不仅自己率先投入科学研究，还组织带领全室年轻老师积极参加科研工作。教研室的员工，虽然分为冷、热加工两个教学小组，辉光离子氮化项目是热加工的课题，可是在设备制造阶段，全室员工不分"冷、热"，大家一起出力献策。随着科研项目一个接一个的签订，科研队伍也分成"冷、热"两个方面进行。冷加工方面取得显著成果的有姜文奇、卢达志、余慧安等老师，热加工方面取得显著成果的有钱去泰、胡昭如、任立军、刘舜尧、陈学耀等老师。机制教研室在开展科研的初期阶段，大家为了国家的四化建设，只讲奉献，不求索取，更不图名利。晚上加班都是自带干粮，更谈不上什么加班费。课题结题后,余下的科研经费,则用来增添实验室的教学仪器设备,改善教学科研条件。

总之,机制室的科研当年是从零开始、白手起家,经过全室教职员工的不断努力,取得了一个又一个成果,也使教研室的科研队伍不断发展壮大,科研实力持续增强,为我校机械制造等相关学科及学院的发展作出了自己的贡献。

(胡昭如)

8.4 怀念首任机电系主任、恩师白玉衡教授

恩师白玉衡教授原籍山西省清徐。20世纪30年代留学日本帝国大学(现东京大学)研究生院,专攻采矿工程。他怀着热爱祖国、服务中华的强烈愿望,毕业后即回祖国。长时间在广西大学任教,并曾担任矿冶工程系主任、学校总务长等职。他担任总务长时,正值1949年解放前夕,他积极护校,迎来桂林市解放。新中国成立后,他精神振奋,积极学习党的方针政策,协助解放军接管学校。1952年全国首批院系调整时他来到中南矿冶学院(现中南大学),积极投入建校工作。先后担任采矿系副主任、主任、矿山设备教研室主任、校工会主席、中南矿冶学院院务委员会常委、民盟中南矿冶学院主委、湖南省人民委员会委员、中国金属学会常务理事等职,并担任了机电系的首任系主任。他一贯工作认真负责,爱护学生,为学校的发展和建设都做出了较大贡献,曾多次受到学校和上级表彰。"文化大革命"中他蒙受到不公正待遇,落实政策以后他不分昼夜,积极地工作,在一天凌晨3点仍在伏案工作中突发脑溢血晕倒,抢救无效,从此离开了他献身的教育科技事业、离开了他的亲人和友好相处的同事、离开他精心培养的青年教师和学生们。作为采矿界的知名教授和新兴的矿山机械专业方面的著名专家,白教授实在走得太早了。虽然白老师已离去多年,作为他的学生和助手,每每想起他在那个特定的历史环境中戚然而逝,总免不了内心的悲哀和迷惘。感到欣慰的是恩师在服务党的教育事业的优秀事迹、热爱青年学生的良师益友精神、忠于祖国、团结同志为人民服务的高贵品德和艰苦奋斗、俭朴生活的风范却永远留在我的心中。

(一)

白老师一生从事教育工作,直至离开人世,终身无悔。特别是新中国成立后,他更刻苦钻研、勤奋学习。他曾担任过采矿专业所有专业课程的讲授(包括矿山工程测量、采掘机械、矿山机械、选矿等课程的教学和实习、实验),以后又担任过矿山机电、矿山机械两专业主要课程的讲授。旧大学都采用欧美原版教材,课程门类少、线条粗、知识面广,解放初学习苏联,专业设置、课程计划和教学大纲基本照抄苏联的,课程门类增多,各门课程讲授的内容繁细,老师们很不

适应，又不懂俄语，困难很大。白教授作为主管教学的副系主任和矿山设备教研室主任，积极主动克服困难，自学俄语，自己带头，与系里老教师一道参考苏联高校采矿专业教材，编写了矿山设计和矿山机械设备（含采掘机械、矿井提升、通风排水压气设备）和矿山运输等教材，解决了建校之初没有教材上课的困难。直到 20 世纪 60 年代初统编教材公开出版，才不再组织自编教材。值得指出的是白教授组织编写、带领和指导青年教师编写的专业教材，曾受到兄弟院校好评，并多次参加展出受到学校表扬。

白教授还十分注意改进教学工作，提高教学质量。建校之初，学校缺仪器设备，课堂讲机器缺乏立体感，课后又无实物看，困难很多。他积极鼓励青年教师结合所学及苏联的教学图册进行设计，请技工合作精心制作各种采矿、装载、运输、露天采掘机械和通风、排水、压气设备的木质模型，实行理论部分课堂讲、结构部分在模型室学，大大提高了教学质量，受到师生的普遍欢迎。

（二）

1954 年春重工业部翻译室刘天瑞、王金武等 4 位俄文译员准备翻译苏联莫斯科 1952 年出版的俄文《矿山机械》一书，携书来我院寻求翻译的指导和审校人员。该书内容广泛，包括岩石性质、凿岩机械、钎具煅造淬火、电耙、井下装载运输机械、充填机械、露天采掘机械、运输设备及线路机械、水力采矿设备等 8 篇 29 章 40 余万字，要求即译即审校，时间紧迫。当时系里无人能够承担，系主任汪占辛教授征求白教授意见，请白担任指导和书稿审校工作。他二话没说，毅然把组织交给的审校工作接了下来，由于译员是俄专毕业，不懂专业，且当时名词术语尚无统一规范的译法，都需白老师指导。此项工作的困难程度是可以想象的，但该书在翻译人员和白教授的共同努力下，只花半年时间顺利完成翻译审校任务，并于 1954 年 11 月由重工业出版社出版发行，为当时的大中专学校提供了一本很好的参考教材，也是全国出版较早的一本矿山机械参考书，为我校以后的教材建设起到了促进作用，并为老师们更新和充实矿山机械设备的科学知识创造了有利条件。

（三）

我 1948 年秋考进广西大学矿冶工程系学习，迎新会上白老师向新同学提出的"刻苦学习成才"的殷切希望给我留下了深刻的印象。后来在 1949 年"三罢"（罢课、罢教、罢工）期间向国民党政府进行"反饥饿、反内战、反迫害"上街游行请愿的运动中，白教授作为总务长也走在师生员工的队伍里，并在国民党桂林市当局的谈判中争回数万银元，解决了学校"三罢"期间留校师生员工的生活困难问题。

在我与白教授 20 多年的接触中，他艰苦奋斗、联系群众的优良作风给我留下了深刻印象，潜移默化，也对我在待人接物、工作态度和生活作风等方面产生了良好影响。

1953 年起我担任白老师的助教，听课、答疑、改练习、带实验课，以及假期的认识实习、生产实习、毕业实习、设计论文等项，都是在白教授指导下进行的。我作为他的学生和助教，得到了他无私的指导，1954 年上期他让我讲采矿专科矿山机械课程部分章节，指导我写讲课提纲、课堂讲稿，并安排先在教研室试讲，提出改进意见，帮助修改讲稿。正式讲课时他和学生一起认真听课，初上课堂我自感备课充分、讲稿井井有条，但上起课来就有些慌乱，讲时顾不上写黑板，写黑板时又顾不上讲，听课学生有意见。白老师一方面鼓励我树立信心，同时又号召大家要支持青年教师的工作，使我感到鼓舞。第二学期他就将采矿专业的采掘机械课程由我和薛健讲，两人各担任一个班(50 余人)的课堂讲授工作，白老师对我俩非常关心，经常到堂听课，并就我俩讲课在课堂表述、板书、课堂艺术等方面以表扬为主地提出看法，帮助提高，使我们青年教师受到鼓舞。

白老师在课堂上对学生要求严格，学生无迟到早退现象。白老师讲课生动，举例贴近实际，板书整齐，语言简练。他实行启发式教学，对疑难问题总是以自问自答的形式深入浅出地进行讲解，有时结合疑点难点穿插几句话的典故说明。他也充分利用下课的短暂休息时间征求学生意见，同学们反映白教授没有架子，把白教授视为贴心的良师益友。白教授还是我校首批招收研究生的指导教师，所有毕业研究生和本科生对导师感情很深，白老师去世后，师母健在时他们常到白家探望或书信问候，表示对导师的深切怀念。

（四）

1952 年 10 月他到中南矿冶学院后，建校初期在"艰苦奋斗、团结建校"方针的指引下，作为采矿系教学副主任和矿山设备教研室主任的白玉衡教授密切联系群众，团结四面八方汇合来校的各位老师发奋工作，为顺利完成建校初期的各项任务，作出了很大贡献。20 世纪 50 年代后期白老师承担繁重的教学任务还身兼多项社会工作，为了响应党"向科学进军"的号召，他发扬艰苦奋斗的精神主动多承担教学任务，抽出一批青年教师到兄弟单位跟苏联专家进修学习。这种为培养青年教师做出牺牲的精神是很可贵的，作为当时青年教师的我辈，真是没齿难忘，而且认为为学生服务、爱护青年、支持青年学生进步是老师有生之年的终身光荣义务。

白老师在兼任校教育工会主席时，很注意学习兄弟院校工会工作的经验，在校教育工会建立了业务工作委员会，协助学校有关部门抓好师资培养和教学业务工作。当时青年教师上讲台的多，为了加快步伐，他经常组织教学经验交流会，组织老师互相听课、相互交流、共同进步，他特别重视邀请有经验的老教授进行示范教学。当年的青年教师现在大多数已离退工作岗位，回忆起 50 年代在成长过程中得到老教师的培养指导和全面关心，至今仍难以忘怀。

（夏纪顺）

参考文献

［1］院志编写组.中南矿冶学院院志(1952—1982).1983.

［2］刘运明.中南工业大学校史.中南工业大学出版社,1992.

［3］刘运明.中南工业大学校史.中南工业大学出版社,2012.

［4］毛杰,贺芝臣.前进的历程——中南工业大学研究生教育发展史.中南大学出版社,2001.

［5］校长办公室.中南工业大学统计年鉴.1989—1994.

图书在版编目(CIP)数据

中南大学机械工程学科发展史(1952—2013)/李晓谦主编.
—长沙:中南大学出版社,2014.7
 ISBN 978 - 7 - 5487 - 1096 - 7

Ⅰ.中... Ⅱ.李... Ⅲ.中南大学 - 机械工程 - 学科发展 -
概况 - 1952—2013 Ⅳ.TH - 40

中国版本图书馆 CIP 数据核字(2014)第 144549 号

中南大学机械工程学科发展史(1952—2013)

中南大学文化建设办公室 组编
中南大学机械工程学院 撰稿

□责任编辑 史海燕
□责任印制 易建国
□出版发行 中南大学出版社

 社址:长沙市麓山南路 邮编:410083
 发行科电话:0731-88876770 传真:0731-88710482
□印 装 长沙超峰印刷有限公司

□开 本 787×1092 B5 □印张 13.25 □字数 256 千字
□版 次 2014 年 8 月第 1 版 □2014 年 8 月第 1 次印刷
□书 号 ISBN 978 - 7 - 5487 - 1096 - 7
□定 价 45.00 元

图书出现印装问题,请与经销商调换